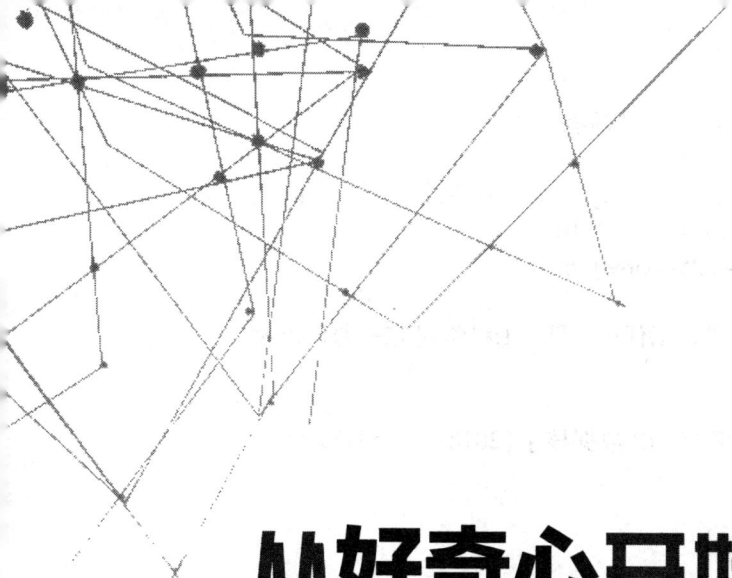

从好奇心开始：
任鸿隽谈科学

任鸿隽·著

青海人民出版社

图书在版编目（CIP）数据

从好奇心开始：任鸿隽谈科学／任鸿隽著. -- 西宁：青海人民出版社，2018.10
ISBN 978-7-225-05690-6

Ⅰ.①从… Ⅱ.①任… Ⅲ.①科学研究—通俗读物 Ⅳ.①G3-49

中国版本图书馆 CIP 数据核字（2018）第 255139 号

从好奇心开始
——任鸿隽谈科学

任鸿隽 著

出 版 人	樊原成
出版发行	青海人民出版社有限责任公司
	西宁市五四西路71号 邮政编码:810023 电话:(0971)6143426（总编室）
发行热线	（0971）6143516/6137730
网　　址	http://www.qhrmcbs.com
印　　刷	青海西宁印刷厂
经　　销	新华书店
开　　本	880mm×1240mm　1/32
印　　张	9.125
字　　数	200千
版　　次	2019年7月第1版　2019年7月第1次印刷
书　　号	ISBN 978-7-225-05690-6
定　　价	36.00元

版权所有　侵权必究

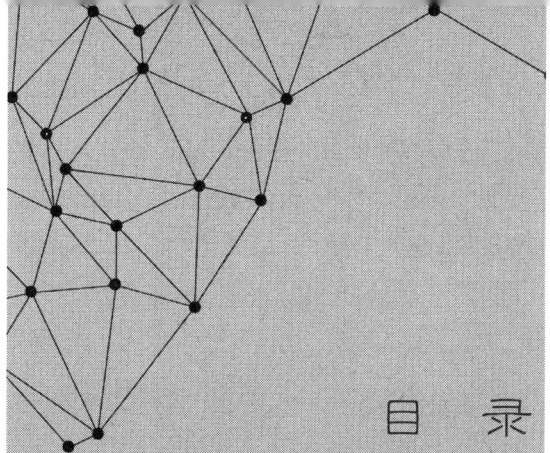

目 录

第一编 说中国无科学之原因 1

说中国无科学之原因 3

科学与工业 9

科学与教育 21

发明与研究 30

发明与研究（二）45

科学与实业之关系 54

科学与近世文化 62

科学与国防 73

科学与社会 78

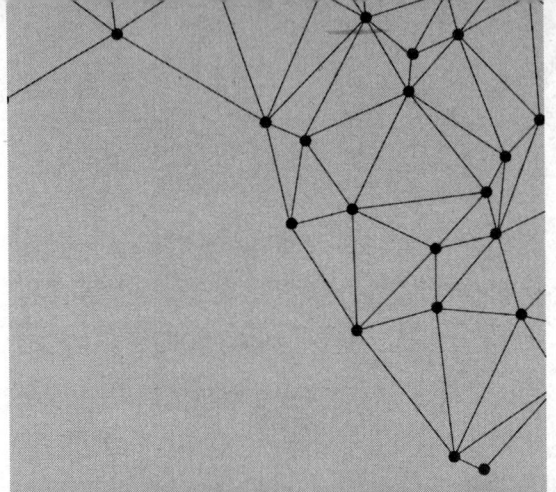

第二编 科学概论 89

科学概论 91

第三编 科学精神论 207

科学精神论 209

论学 216

何为科学家 221

科学方法讲义——在北京大学论理科讲演 228

科学基本概念之应用 244

中国科学社第六次年会开会词 252

科学研究——如何才能使他实现 258

中国科学社二十年之回顾 265

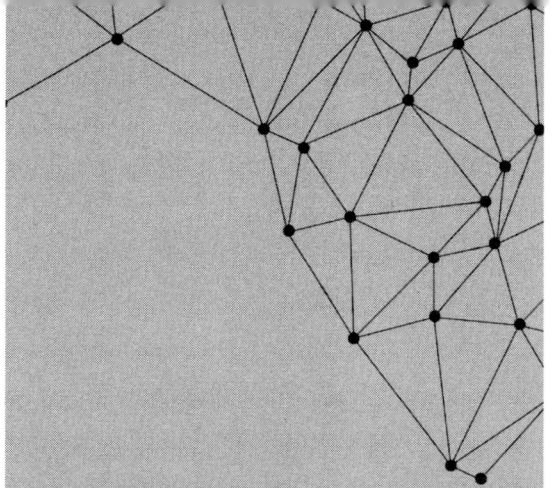

科学教育与抗战建国 268

科学与工业——为纪念范旭东先生作 278

关于发展科学计划的我见 282

第一编
说中国无科学之原因

说中国无科学之原因

今试与人盱衡而论吾国贫弱之病,则必以无科学为其重要原因之一矣。然则吾国无科学之原因又安在乎？是问也吾怀之数年而未能答,且以为苟得其答,是犹治病而抉其根,于以引针施砭,荣养滋补,奏霍然之功而收起死之效不难也。今欲论吾国科学之有无,当先知科学之为何物。

科学者,知识而有统系者之大名。就广义言之,凡知识之分别部居,以类相从,井然独绎一事物者,皆得谓之科学。自狭义言之,则知识之关于某一现象,其推理重实验,其察物有条贯,而又能分别关联抽举其大例者谓之科学。是故历史、美术、文学、哲理、神学之属非科学也,而天文、物理、生理、心理之属为科学。今世普通之所谓科学,狭义之科学也。持此以与吾国古来之学术相较,而科学之有无可得而言。

今夫吾国学术思想之历史,一退化之历史也。秦汉以后,人心梏于时学。其察物也,知其当然而不求其所以然。其择术也,骛于空虚而引避乎实际。此之不能有科学不待言矣。即吾首出庶物之圣人,如神农之习草木,黄帝之创算术,以及先秦诸子墨翟、公输之明物理机巧,邓析、公孙龙之析异同,子思有天圆地方之疑,庄子有水中有火之说,扬己者或引之以明吾国固有之长,而抑他人矜饰之焰。不知凡上所云云,虽足以显吾种胄之灵明,而不足证科学之存在。何则,以其知识无统系条贯故也。

虽然,欧洲之有科学,三数百年间事耳,即谓吾国古无科学,又何病焉。顾吾尝读史而有疑矣。欧洲当罗马帝国沦于蛮族,其学界之黑暗,殆非吾秦汉以来所可沦儗。迨十六世纪文学复兴,而科学萌芽同时并苗,弗兰西氏培根(Francis Bacon)导其端,加里雷倭(Galileo)、牛顿(Newton)明其术,其后硕师辈出,继长增高,以有今日之盛。吾国则周秦之间,尚有曙光。继世以后,乃入长夜。沉沉千年,无复平旦之望。何彼方开脱之易,而吾人启迪之难也。谓东西人智慧不相若耶,则黄帝子孙早以神明著称矣。谓社会外像利于彼而毒于此耶,则吾国异端之罢斥视彼方宗教之禁制,方之蔑如矣。是故吾国之无科学,第一非天之降才尔殊,第二非社会限制独酷,一言以蔽之曰,未得研究科学之方法而已。

曩者哈佛大学校长爱里亦脱(C. W. Eliot)氏尝觇国于东方矣。归而著书告其国人曰:"关于教育之事吾西方有一物焉,足为东方人之金针者,则归纳法(Inductive Method)①是也。东方学者驰于空想,渊然而思,冥然而悟,其所习为哲理。奉为教义

---

①按:Inductive Method,日本人译为归纳法,侯官严氏译为内籀术,今以日译意较易瞭,从日译。

者纯出于先民之传授,而未尝以归纳的方法实验之以求其真也。西方近百年之进步,既受赐于归纳的方法矣。……吾人欲救东方人驰骛空虚之病,而使其有独立不倚、格致事物、发明真理之精神,亦唯有教以自然科学,以归纳的论理、实验的方法,简炼其官能,使其能得正确之知识于平昔所观察者而已。"谅哉言乎!足为吾中国无科学之原因安在之答解矣。

或曰论理学之要术有二:一曰演绎法(Deductive Method)① 一曰归纳法。二者之于科学也,如车之有两轮,如鸟之有两翼,失其一则无以为用也。今独以无归纳法为无科学之大原因,亦有说乎?曰吾谓归纳法为研究科学之必要,吾固未言演绎法非研究科学之必要也。虽然,无归纳法则无科学,其说可得,请于下方明之。

第一,归纳法者实验的也。论理学上之定义曰,由特例而之通义者曰"归纳",由通义而得特例曰"演绎"。其应用于科学也,则演绎者先为定例以验事实之合否,归纳者积多数试验以抽统赅之定律,其不同之点,则归纳法尚官感,而演绎法尚心思。归纳法置事实于推理之前,演绎法置事实于推理之后是也。夫演绎法执一本以赅万殊,在辩论上常有御人口给之便,然非所以经始科学之道,盖以人心之简驭自然事物之繁,欲得一正确不移之前提固甚难也。难之则将废然无所用心,或奋其小智,发凡起例,应用于实物而不验,犹无例也。欲得正确之前提,必自从事实验始。实验积,关系见,而后相应之设论(Hypot-

---

①Deductive,严译为外籀,今从东译。

hsis)生。设论者,依实验而出,又待实验而定者也。使所设者试之实验而不应,弃之可也。试之实验而应,而定例乃立。是故实验之后虽用设论,而其结论仍出于事实之归纳,而非由悬儗之演绎。故从事归纳则不得不重实验,有实验而后有事实,而后科学上之公例乃有发明之一日。善夫阿里士多德之言曰:"无官感则无归纳,无归纳则无知识,无知识则不足知自然之定律。"吾国学者之病端在不恃官感而恃心能,其钻研故纸、高谈性理者无论矣,乃如王阳明之格物,独坐七日;颜习斋之讲学,专尚三物;彼固各有所得,然何其与今之研究科学者殊术哉。此吾国无科学之大原因也。

第二,归纳法者进步的也。科学为有统系之知识。唯其为有统系之知识,亦能为有统系之发达。即合众事实而得一公例,而此公例又生新事实,合诸新事实又发见新公例。循环递引,以迄无穷。此略翻一专门之书,而可得其兆迹者也。举其最近之例,如物理学者研究稀薄气体中电流传导之理,而得所谓阴极光线(Kathode Ray)。因研究此阴极光线之性质,而得电子(Electron)之说。因此阴极光线之射触于试验管壁,而得所谓 X 光线。因研究 X 光线,而得所谓 α、β、γ 光线。因此三种光线而发见镭之放射作用(Radioactivity),而元素不变之说且因以震动焉。不特此也,一科学之进步常足以影响于他科,而挟以俱进。此任观一性质相近之两科学而可得其例者也。如数学上微积分法发明而后,物理学之进步乃益可睹。物理学上高压与低温之术发明而后,化学上之气体定律乃益确定,元素分析之法乃益精密。化学上光色分析(Spectrum Analysis)与物理学上光波长短之研究精,而后日球之质体①与空间恒星之进退②可推算而知也。夫事理联属,相引愈进,然非用归纳法以为研究,则前者于后者为无意味,用归纳法有时虽误,而亦有得。读者亦知化学之起原乎?当物质不变定律之未发明也,欧洲人士精心炼金之术,以谓黄金可以由他质变成。于是镕铸化炼,不遗余力。而其结果,则黄金未得,而化学以之始诞。此无他,以其发见种种新事实为研究之资故也。不由归纳法,则虽圣智独绝,极思想之能,成开物之务,亦不过取给于一时,未能继美于来祀。某说部言有西人适中国者,以吾指南针发明在数千年前,谓必精美逾彼所有,入市急购一具,则彼所见与数千年前之物无异。凡若此类,其例宏多,岂特一指南针哉。故无进步之术者,必无进步之学,此可质之万世者也。

　　要之,科学之本质不在物质,而在方法。今之物质与数千年前之物质无异也,而今有科学,数千年前无科学,则方法之有无为之耳。诚得其方法,则所见之事实无非科学者。不然,虽尽贩他人之所有,亦所谓邯郸学步,终身为人厮隶,安能有独立进

---

　　①以三棱镜分析日光成七色光带,此光带中,尝间有多数黑线。物理学上之证明,凡一种元素当白热时,以三棱镜观尝呈一种色光。而此色光通过其本质之气体,其温度较低于发光体时,则尝与此气体所吸收,而呈黑线。故日光光带中黑线由其光线经过包裹日光之低温气体为所吸收而然也,其被其吸收则日体中有此物质之证也。

　　②观测星象时,其星之对地球而左右驰者易见,向地球而前后行者难见。今天文学家应用物理学上光波长短之定理,以此星分光带与其他七色光带相比较,设此星向人行者,其光波被促而较短,其光带之色彩常与他光带之色彩常有一定之差。若此星背人行者,其光波被引而较长,其光色位置之差适与前者左右相反,故观其光色相差之方向而可以知其星之进退云。

步之日耶,笃学之士可以知所从事矣。

载于《科学》,1915 年第 1 卷第 1 期

科学与工业

吾闻今之谈学术者有言："古之为学者于文字,今之为学者于事实,二十世纪之文明无他,即事实之学战胜文字之学之结果而已。"

斯言也,何其深切著明,而足代表科学之精神与能事也。自十七世纪培根、笛卡儿、加里雷倭、牛顿诸哲人降世以后,实验之学盛而科学之基立。承学之士,奋其慧智,旁搜博证,继长增高,遂令繁衍之事物,蔚为有理之科条。自然之奥窍愈明,人事之愿欲毕备。黉舍之中,百科灿然,授受精研,如恐不及。计自乡庠以逮大学,其人非愚钝,上达无碍者,必习明于几何、代数之理,方圆形体之算;其在物理,必明于动力、能量之定律,声光电磁之原理;其在化学,必明于八十三元子之化合,酸碱中性之变应;乃至有机物类之夥赜;其在自然界中,物植之生长,地质之构成,茫然无知,又学者之耻。甚哉,今日为学之道,诚与空言格物而坐俟豁然之一旦者,其难易繁简,不可同年语矣。是道也,不独先进之国为然,即步人后尘,遑遑然唯恐不及者,又何莫不然。读者试思吾国自以学校之制代科举,所遑遑然以求者，非此科学之移植，而坐收兴业之效耶。所殷殷然以忧者，非此学校之未足尽移植科学之天职，而奏兴业之实效耶。唯然，而言者不能无疑矣。

疑者曰："今之学校，以实验科学为教者，吾不知其何居。凡诸物理、化学诸书所有者，既成之定律与已往之实验耳，自牛顿之动力三律以至最近质射之理，观之诚亹亹矣，而何有于利用厚生之事。化学上能制绿气与钠质矣，而取盐者必穿井凿山，煮炼以得之，不恃试验室而后备也。是故学问与事业，常不相合，所谓高等教育科学能事者，不过于饰己炫人之具，而于应用殖货之事无与焉。吾欲兴一业，制一器，吾但就市人而问焉可矣，安用殚精竭虑，驰骛于精征要妙之理论，事倍而功乃半耶。"

上所云云，不敢谓代表一般学者之心理，然略窥科学之门径而未竟厥源委者，则往往有此疑。今欲明科学之应用，当先言今昔工业之异。昔之所谓工业者，约言之，则如村女之织纴，匠人之斧凿，与陶冶之范器。其治业也，无过四体手足之勤；其庸劳也，无过十室百夫之众；其出产足给初民日用之需；其周流唯限于乡邑邻里之近。是故其事业之嬗衍也，唯是箕裘之递绍，而无学问思想之事行乎其中。今也不然，机械之用兴而分业之效著。一业之佣工，动以千万计。一工之所产，又十百倍于前焉。环货山积，通市并海，财利之积愈弸，则兴业之情愈盛，而工业之进步，乃为时势所逼拶而不容已。此谈生计者所以划欧洲十八世纪学术之发明为工业革命时代。而西方百余年来物质之发达，国富之增进，胥由于此。吾且弗言吾国产业之迟顿不进,其原因安在。吾且与读者一观欧洲十八世纪以前工业之状态,盖若与我不相径庭。而百余年来彼方进步之速,发达之盛,乃使我望尘莫及临岩而返。何也,吾思之,吾重思之。十八世纪以前之西方,与今日之中国,其学术之未及于工业,同也,故其沉滞不进之状亦同。十八世纪以后之西方,与今日之中国,其工业学术之发达异也,故其工业进退之状亦异。虽然,十八世纪以前之欧洲,科学虽未大昌,而种子则已萌芽于培根之归纳论理与牛顿诸氏之实验发明。今之中国,既无科学矣,而国人乃未梦及科学与工业之关系。学术之不修,原理之不习,贸贸然号于众曰,兴工业!兴工业!无本而求叶茂,见弹而求鸮炙,是不亦太早计矣乎。

是故古今工业之异点安在乎?一言以蔽之曰,古之工业,得于自然与习惯之巧术。今之工业,得于勤学精思之发明。古之工业,难进而易退。今之工业,有进而无退。何则,有学问以为后盾故也。今欲列举近世之工业出学问讲求之结果者以实吾言,其事无往不在,悉数之更仆未可终也。无已,则略举一二以见例。

今夫近世工业规模之巨与应用之无穷者,孰有如电之一物乎。电有四,一曰化电,二曰热电,三曰摩擦电,四曰磁电,亦曰感应电。数者见象虽殊,其原理则一,亦法勒第(Faraday)所证明者也。今日工业上所用之电力,大都出于磁电,以磁电能生强大之原动力,其力又易传达转移于各处也。磁电之发见,托始于厄斯台得(Oersted)而大明于法勒第。法氏之电学实验研究,盖科学上不朽之业也。读其《实验录》(Experimental Research)首章有云:

感应电流之年效,既有人知之而言之矣,如电之生磁①,安培耳(Ampere)之以铜版接近平螺旋与其复作阿喇戈(Arago)之电磁试验②皆是也。然,此数者似未足尽感应电之能事。且诸试验无铁则不验,而世间无数物质,对于静电而呈感应者,对于感应之动电而不能不无所动,可断言也。且无论安培耳之名论适合与否,而自电流所经辄生磁场之事实观之,一善导体在此范围以内,安知不以感应而生电流或与电流同类之力乎。吾以此理想而进为实验之研究,不独为阿喇戈之试验加一说明已也,或于电流上开一新途亦未可知耳。

法氏之大发明,乃在其十日间之电学试验。彼先以二十尺之铜线十二枚缠于一木环上,各线之间,皆以线隔绝之。连1,3,5,7,9为一组,他为一组,以 A,B 表之(如第一图)。今置电流计(galvanometer)于 A 道中,而置电池于 B 道中,迨电流忽通或断时,电流计即生影响。此互感电流之发明也。法氏又以铜线缠于纸作空柱上,而贯铁条于其中。此铜线中仍置一电流计,次用大磁石二,两异极合于一处,他异极则隔离相对,使成一马蹄磁石形。今若置此铁贯铜线环于两磁石之两极间,而忽断其一极,则铜线中之电流计即生影响。反之两极复连亦如

---

①此似指厄斯台得之发见电流之磁场言。
②此指阿喇戈之发见以铜版置磁针而旋转之则磁针随之旋动而言。

之,此磁石生电之发明也。法氏于是设一器具如第三图,N、S 为大磁石,n、s 为软铁块,用以强磁极,且令磁极得远近自由。A 为铜圆板,置 n、s 之间,有柄能自由旋转。板心与缘各有导线连之,中置电流计。今如旋动铜板,则电流即生于导线之中。①法氏所以为阿喇戈试验之说明者,盖谓置导体于磁场中,而扰动其磁力,即足以生电。此实后世磁场发电之滥觞,而今日电机工业所从出也。

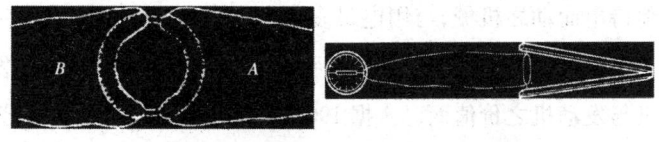

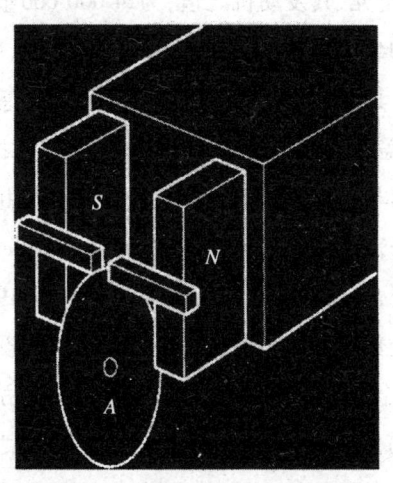

―――――
① 以上所述见法勒第之《实验录》第一章(Experimental Research, Series Ⅰ)。

由磁电发生之工业,可略分为两类:其一,应用发生之电力者,上言由化学、热力、摩擦而生之电,其量皆甚微,不足以供工业之用。唯磁电之理明,吾人乃有术以变天然或机器之力而为电力,而电力不可胜用矣。其变机力为电力之器,谓之磁场发电机(dynamo)。机力可以发电,反之即电力亦可动机。其假电力而动之机,谓之电动机(Motor)。二者实一物,其构造皆本于磁电感应之理,其为用有互相依倚之势。凡今之电车、电扇与其他待电而动之机械,与用电最多之工业如电灯电话与渐见流行之电炉,皆由此出者也。吾人欲观电业之发达,亦但计其发电机与发动机之价值而已。据1900年全美国所用之发电机,为值10 000 000金元,其发动机之值,为24 000 000金元,而各电厂之出产,乃至150 000 000金元,而电车、电话、电灯各工业尚在计算之外也。其二,不直接应用发生之电,而用感应之机者,如电报之发明,盖在磁电初现之时(1820),其所用之电流,亦不为感应所生。然非藉磁电之理,则其记号机关无由构成,而何以致今日千里晤言之盛。又自蓄电池(Storage battery)日精,而电力之用乃益宏,如自动车之用电,其一例也。据1900年统计,美国电报业之全数,为21 000 000金元,其资本之投于蓄电器者,亦11 000 000金元。不宁唯是,电学上之发明,方兴未艾,电画(telectroscopy)之用光以传画,光话(photophone)之用光以传言,皆在萌芽方始之际,而长距离之电话,与直接打字之电报,皆最近商业上之成功。循是以往,科学上之进步无穷,而工业上之进步,其又可量耶。

以上取证于物理学者也。今请再取例于化学。近来化学之最盛者,断推德国。德国化学工业之最耸人耳目者,莫如其人造色料。人类之知染久矣,蓝茜之用,远见于吾国古籍,而欧人之用靛,乃在十六世纪印度之靛传入埃及以后。盖先民所用为染之色料,无过草木之汁浆,即所谓天然色料是也。至1869年德人葛雷白(Graebe)与里李曼(Liebermann)发见由纳夫色林(naphthalene)以造阿立沙林红(alizarin red),是为人造植物色料之始。迄今德人由煤膏(coal-tar)造成之植物色料,盖二千五百余种,为值125 000 000金元。以来因(Rhein)河上之一制色厂,而所用化学师至三百人。德国全国燃炭所得煤膏百分之八十五,皆利用为制造色料之原料,则其工业之盛可想见也。

人造色料中之最重者厥为人造靛。未有人造靛以前,世人所用之靛,皆取之于蓝草。其草产印度者英名 Indigofera sumatrana,产非洲西岸者,英名 Lonchocarpus eyanescens,产中国者英名 Polygonum tintorium,要皆属于蓝草科(Indigofera)。其取靛之法,则取蓝叶渍于水中,蓝中所含糖质(glucosides)与靛质(indican),即溶入水。以微菌及空气中养气之作用乃养化而成靛精(indigotin),又名靛蓝(indigoblue)。此时水作深蓝色,更俟之蓝质即沉淀而出,取压而干之,即市中所售之靛也。

天然靛之造法,如上所述,固觉单简易能,其为古人所偶然发见无怪也。独至以人力造成此靛,则所需学力智术甚巨,而令此发明足供工商业上之应用,其事尤非易易。盖综而言之,其相待为用者约有三事:(一)须先明物质之构造;(二)须求构成此同样物质之法;(三)所用于构造之原料必须价廉易购而制造之费亦不过昂,兼此三者而成功乃可冀。吾人皆知人造靛之法，发明于贝野耳（Baeyer）而大成于郝以曼（Heumann），而不知贝野耳之从事靛之研究也，盖十有五年，而后其人造靛之法乃出，又五年而郝以曼之法乃能蔚然成一工业。此二十年中所消耗学者之脑力几许无论矣，某公司以此而耗费之资本，亦不下四百万金。天下事岂有无劳之获哉。

今当略及人造靛之化学，以见此业之非甚容易。贝野耳1880之法，在以葡萄糖还元正硝养二、盘基三炭欠四轻酸，此物又得于正硝养二肉桂酸，其化学变化如下：

$$C_6H_4 < ^{CH=CH-COOH}_{NO_2 (O)} + 2Br = C_6H_4 < ^{\overset{HBr}{\underset{}{C}}-\overset{HBr}{\underset{}{C}}-COOH}_{NO_2 (O)}$$

正硝养二肉桂酸　　　二溴化正硝养二肉桂酸
(ortho-nitro cinnamic　　(ortho-nitro cinnamic acid
acid.)　　　　　bibromide)

$$C_6H_4 < ^{\overset{HBr}{\underset{}{C}}-\overset{HBr}{\underset{}{C}}-COOH}_{NO_2 (O)} + 2KOH \text{ (alcoholic)}$$

$$= C_6H_4 < ^{C\equiv C-COOH}_{NO_2 (O)} + 2KBr + 2H_2O$$

正硝养二盘基三炭欠四轻酸
(ortho o nitro phenyl
propioic acid)

$$2C_6H_4 < ^{C \vdots C \cdot COOH}_{NO_2 (O)} + 4H$$

$$= C_6H_4 < ^{CO}_{NH} > C \vdots C < ^{CO}_{NH} > C_6H_4 + 2CO_2 + 2H_2O$$

靛精（indigotine）

后二年，贝野耳更发明一法，用煤膏中之陶卤（toluene）为

原料,先以硝酸加之,得正硝养二陶卤,

$$C_6H_5CH_3 + HNO_3 = C_6H_4 <^{OH_3}_{NO_2}(O) + H_2O$$
陶卤 (toluene)　　正硝养二陶卤
(ortho-nitro-toluene)

次以过锰酸钾养化正硝养二陶卤为正硝养二盘基欠酸,

$$C_6H_4<^{OH_3}_{NO_2}(O) + 2O = C_6H_4<^{C<^O_H}_{NO_2}(O) + H_2O$$
正硝养二盘基欠酸
(ortho-nitro-bengaldehyde)

正硝养二盘基欠酸与酕通(acetone)相结合而生下物,

$$C_6H_4<^{C<^O_H}_{NO_2}(O) \leftarrow + HCH_2-CO-CH_3$$

$$= C_6H_4< ^{CH(OH)}_{NO_2}(O) -CH_2-CO-CH_3$$

此物与碱类(alkalis)共热之即得靛。

以上两法中,尤以次法之出产为丰,然陶卤由煤膏取出为量甚少,不足供大工业之用。惟其少也,其价亦较昂,以是造靛,得不偿失也。

1890年郝以曼发明之法,在以安尼林(aniline,原于法文之anil,译言蓝也),与绿化酕酸相结合而得盘基硝轻二酕酸。

$$C_6H_5 \cdot NH_2 + Cl \cdot CH_2COOH = C_6H_5NH \cdot CH_2 \cdot COOH + HCl$$
安尼林　　　　　　　　　　盘基硝轻二酕酸
(Phenylamino acetic acid)

此物和碱类熔之即得靛精。由此变化而生靛,虽其原料较富而产量仍不甚丰。后乃知用盘基硝轻二酕酸之正炭基酸化

— 17 —

合物,则生靛甚富,而前者可自煤膏之纳夫色林制造之,其物又甚贱而易得也,于是人造靛业乃有工业上之价值矣。今将其化学变化略举之如下:

[反应流程图:纳夫色林 →① 邻苯二甲酸 加热→ 酸酐 →NH₃→ 邻苯二甲酰亚胺 →NaOH→ ...]

[反应流程图:→Cl→ →COONa→ 异氰酸酯 →H₂O→ 邻氨基苯甲酸钠]

[反应流程图:邻氨基苯甲酸 +Cl-CH₂COOH → N-取代物 →NaOH→ 吲哚酚 →NaOH→ →O→ 靛精(indigotine)]

----

① ⎯⎯ 为 ⎯⎯ 之略

人造靛不独其价较天然者为贱也，其质又较天然者为良。盖天然靛中，杂质甚多，其纯粹之靛精，有时少至百分之二十，而人造靛则含有百分之九十靛精，故业染者多喜用之，而人造靛乃有代天然者而夺其席之势。今将近数年间人造靛与天然靛输入英国之比较，列表如下，以见一斑。

	天然靛	人造靛
1901	788 820 镑	
1904	316 070 镑	83 397 镑
1906	111 455 镑	147 325 镑
1908	136 882 镑	134 052 镑

世界用靛之全额，约值20 000 000金元，而1912年德国之商业报告，其人造靛之输出额，为值10 769 900金元，是已占世界全额之大半矣。去年开战以来，英美染业家之最感痛苦者，莫如人造色料之断绝一事。英政府至特立豫算，投资五百万镑以谋国内人造色料工业之发达，而我国业靛者亦拟乘机以恢复我天然靛之地位（见四月《上海时报》），则德人化学工业影响之巨，于此可见矣。

十八世纪生计学始祖亚丹斯密司（Adam Smith）创"劳力即富"之说（"Labor is wealth"），至今言生计者未之能易。所谓劳力者固不徒指手足之勤而言，彼殚精竭思以治自然物理之学而发明前人未辟之秘，以成开物成务之功者，乃真能劳者矣。以劳为之种，而福世利人之获随之而至，如响之不爽于声，影之无逃于形。今之人心之未瀹也，而唯瀹物之求，智之未广也；而唯广业之务。不种而思获,未施而望报,其反乎生计学上富之原理也甚矣,容有冀乎。

吾作此篇,将以明近代国富之增进,由其工业之发达,而其工业之起原,无不出于学问,因以见学校中科学教育之不容已。至于社会政治之组织,国民生计之情状,无不于工业有直接关系,然当从他方面观之,故其言如上而止。

(附记)此篇所用有机化学名词既无旧书以供参考,又非融会贯通而后出之,恐不免有抵牾之处,容他日订正。

载于《科学》,1915年第1卷第10期

科学与教育

余曩作《科学与工业》,虑世人不知科学之效用,而等格物致知之功于玩物丧志之伦也,为之略陈工业之导源于科学者一二事,以明科学致用之非欺人。虽然,科学不为应用起也。赫胥黎有言曰:"吾诚愿'应用科学'之名之永不出现于世也。自有此名,而学者心中乃若别有一种实用科学知识在'纯粹科学'之外,可以特法捷径得之,此大误也。所谓应用科学者无他,即纯粹科学之应用于某特殊问题者是矣。即纯粹科学本观察思辨而发见之通律所推衍之结果也……凡今制造家所用之方术,不出于物理,则出于化学。将欲进其术,必先明其法。人非久习于物理化学之实验,从纯粹科学之简练,洞悉其定律,而心惯于事实,而欲明制造之法,收改进之功,其道无由。"[1]由斯以谈,应用者,科学偶然之结果,而非科学当然之目的。科学当然之目的,则在发挥人生之本能,以阐明世界之真理,为天然界之主,而勿为之奴。故科学者,智理上之事,物质以外之事也。专

---

[1] 见赫胥黎演说《科学与淑身》(Science and Culture)。

以应用言科学,小科学矣。吾惧读者之误解吾前文也,故复以此篇进。

科学于教育上之位置若何?此半世纪前欧洲学者辩论之点也。赖诸科学大家如斯宾塞尔、赫胥黎之流,雄文博辩,滔滔不绝;又科学实力之所亭毒,潮流之所趋赴,虽欲否认之而不能。科学于教育之重要,久已确立不移矣。其在今日,科学之范围愈广,其教育上之领域亦日增。设有人焉,居今之世,犹狃于中古之法,谓教育之事,唯以读希腊、拉丁之文,习《旧约》神学之书为已足者,彼方五尺童子,知唾其面矣。还顾吾国,科学之真旨与方法,既尚未为言教育者所深谙;而复古潮流之所激荡,乃有欲复前世咿唔呫哔之习,遂以为尽教育之能事者,此其结果所及,非细故也。余不敏,请引据各家之论证,以言科学于教育之重要。

谓教育之本旨,在"自知与知世界"(to know ourselves and the world)者,此阿诺尔特(Matthew Arnold)之说也。其达此本旨之术,则曰"凡世界上所教所言之最善者吾学之"(to know the best which has been taught and said in the world)。①阿氏此说,曾为赫胥黎所诘驳。赫氏以谓阿诺尔特之所谓所教所言之最善者,文学而已。于是郑重言之曰:"当今时代之特彩,乃在天然界知识之发达。"故无科学知识者,必不足解决人生问题矣。

虽然,阿氏固文士,而其言教育本旨,则仍主乎智。既主乎智,其不能离科学以言教育明矣。第阿氏之所主张者,科学虽

---

①见阿诺尔特《论文学与科学》(*Essay on Literature and Science*)。

善,不足与于导行审美之事。导行审美之事,唯文学能之,故文学与科学之于教育,乃并行而不可偏废。是言也,科学者流亦认之。赫胥黎之言曰:"吾绝不抹煞真正文学于教育上之价值。或以智育之事,无待文学而已完者,误也。有科学而无文学,其弊也偏,与有文学而无科学,其弊正同。货宝虽贵,若积之至反侧其船,则不足偿其害。若以科学教育造成一曲之士,其害有以异乎。"①

于是吾人当研究之两问题焉。第一,科学果无与于导行审美之事乎？第二,导行审美之事果唯文学能之乎？若曰能之,必如何而后可？

欲研究第一问题,当先明科学之定义。余前作《说中国无科学之原因》,曾略为之界说矣。曰"科学者知识而有统系之大名"。更证以贺默(Homer)之评论家伍尔夫(Wolf)之言曰:"凡有统系而探其原理之教训,吾皆谓之科学的。"盖科学特性,不外二者:一凡百理解皆基事实,不取虚言玄想以为论证。二凡事皆循因果定律,无无果之因,亦无无因之果。由第一说,则一切自然物理化学之学所由出也。由后之说,则科学方法所由应用于一切人事社会之学,而人生之观念与社会之组织,且生动摇焉。今夫水,分之则为轻、养二气。蜡,燃之则生水与无水炭酸。地球之成,始于星云。人类之祖,原为四足曳尾之猕猴。苹果之落,以物体之引力也；气球之升,以两质轻重之相替也；声之行也以浪；电之传也以能(energy)。此皆属于物质界。律以

---

①见赫胥黎演说《科学与淑身》。

科学定理,所莫能遁者也。乃观科学之影响于社会者则何如?人皆知达尔文物竞天择之说出而人生思想生一大变迁也,而不知达氏之说,乃导源于马尔秀斯(Malthus)之人口论(Essay on Population)。人口论之大旨,谓人口之增,以几何级数,而食物之增,则以算数级数,食之不足供人而不可无有以阻人口增加之率者势也。阻之出天然者,曰饥馑,曰疫厉,曰争夺相杀。文化既进之国民,尝思以人治胜天行,则为之禁早婚,节生育,是曰人为之阻抑。马氏反对戈特温(Godwin)之乐观主义①,以为人生究竟,不归极乐,乌托邦理想,终不可达,为之钩稽事实,抽绎证例,以成此不刊之论。盖与亚丹斯密司(Adam Smith)之《原富》(Wealth of Nation),各究生计之一方面,而同为生计学不祧之祖也。达氏取其说而光大之,推及庶物,加以无穷之例证,其风靡一世宜也。说者谓马氏之论,文学而非科学耶。吾谓凡文之基于事实而明条理因果之关系者,皆可以科学目之。而社会科学中适用科学律令之最多者,又莫生计学若。今请以一例明之,生计学上有一最奇之现象焉,则每近十年而金融界上生一恐慌是也。生计学者对于此现象之犁然有序,若风之有候也,则相竞为科学上之解释。其最奇者乃谓金融界之恐慌,与日中黑子相关。盖以金融界之恐慌约十年而一现,日中黑子,亦约十年而一现,而二者出现之年,亦先后略同,则安知非知此日中黑子,影响于吾地球上之气候,由此气候之变易,而生年谷

---

①戈特温著有《政治正谊论》(Political Justice)及《疑问者》(Enquirer)诸书。

之丰歉,年谷歉获,乃为一切制造懋迁不进之原,而恐慌成矣。近有科仑比亚大学生计学教授某者,求恐慌之原于雨旸,为之统计数十年气候之记录,较其雨量之多寡,既得,则欢忻鼓舞以告于众曰:吾得恐慌之真因矣。要之社会人事,原因复杂,执其偏因以释其全体,无有是处。然亦可见科学精神,与因果律令,无在不为学者所应用也。

不宁唯是,科学之研究,有直接影响于社会与个人之行为者,请以伐哀斯曼(Weismann)之论遗传性为证。伐哀斯曼者,德之生物学大家也。其论遗传,主张胚遭论(theory of germ-plasm)。其说以为父母之性质,遭传于其子姓也,唯能传其生前之本有,而不能传其生后之习得。此说近于达尔文之物种变异论(theory of variation)而与拉马克(Lamarck)①之说,谓凡得于生后之新性,可传之后裔者,则正相反。要之伐哀斯曼之说,谓天性相传勿替者,虽尚待论定,至其谓习得之性,不能递传,则证据充确,似可无疑。使伐氏之说而果确也,则吾人道德行为之判断。与社会对于个人之义务,皆当由根本上生一大变革。如使教育法律之积效,不足变易劣种而使之良也。如使优劣两种之胖合所得之子姓,其进种之功,不足掩其退种之害也,则吾人对于教育慈善诸事业之态度,当为之一变。吾人方今对于此等问题之判断,出于个人感情者大半,其纯从科学律令为社会将来计者盖鲜矣。

―――――――

①拉马克(1744—1829),法之大自然学家,发明生物变种四律,与达尔文齐名。

科学教育之关系于社会问题者,既如此,乃观其影响于个人性格者则何如？达尔文谓其友曰:"吾无所用于宗教与诗,科学研究与家人爱情,吾生平乐享不竭矣。"达氏天生自然学者,其用心专一,几凝于神,固不可与常人相提并论,实则真有得于科学者,未有于人生观反茫然者也。吾欲举法勒第(Faraday)①之致书老母,何其款然孺慕,阜娄(Wöhler)②之与朋友交,何其蔼然可亲,而人将疑一二例外,不足以概其全,则请试言其理。凡人生而有穷理之性,亦有自觉之良,二者常相联系而不相离。谓致力科学,不足"自知与知世"者,是谓全其一而失其一,谓达其一而牺牲其一也,要之皆与实际相反者也。人方其冥心物质,人生世界之观,固未尝忘,特当其致力于此,其他不得不暂时退听耳。迨其穷理既至,而生人之情,未有不盎然胸中者。于何证之？于各科学之应用于人事证之。方学者之从事研究时,其所知者真理而已,无暇他顾也。及真理既得,而有可以为前民利物之用者,则蹶然起而攫之,不听其废弃于无何有之乡也。而或者谓好利之心驱之则然。然如病菌学者,身入疫厉之乡,与众竖子战,至死而不悔,则何以致之？亦曰研究事物之真理,以竟人生之天职而已。是故文学主情,科学主理。情至而理不足则有之,理至而情失其正,则吾未之见。以如是高尚精神,而谓无与于人生之观,不足当教育本旨,则言者之过也。

复次言科学无与于审美之事者,谓人生而有好美之性,而

---

①法勒第,电学大家,见本志前期《电学略史》及《科学与工业》篇。
②阜娄(1800—1882),德之大化学家,有机化学之鼻祖。

美感非琐琐物质之间所可得也。吾尝闻人言科学大兴之后，而诗文将有绝种之忧。窃谓不然。美术无他，即自然现象而形容以语言文字图画声音者是矣。吾人之知自然现象也愈深，则其感于自然现象也亦愈切。濯尔登校长（Jordan）之言曰："吾人所知最简单之生物，较吾合众国之宪法犹为复杂。"汤姆生（Thomson）曰："蚁之为物至微也，而其身体构造之繁复，乃视蒸气机关而有过之。"达尔文之言曰："世间最可惊异之物，莫蚁脑若。"而物理学家之告人曰："轻气一元子之构造，自其性质言之，盖类诸天之星座。其电子之攀然游动于一元子中者，盖八百有余云。"此自天然物体构造之美言之也。自其关系言之，"虱居头而黑，麝食柏而香"，此稽［嵇］叔夜之言也。虫变色以自保，蛇响尾而惊人，此近世博物学家之言也。如使吾人望海若而兴叹，风舞雩而咏歌，绝不因吾知海气之何以成蜃楼，与山腹之何以兴宝藏，而损失山海自然之美也。人能咎牛顿之解释虹霓①为杀诗人之风景，而无如沃慈沃斯（Wordsworth）②之得说法于石头何也。

上节所言，盖谓科学之于美术，友也而非敌。今请更以事实证明之。美术之最重者，孰有如音乐者乎？吾国自来无科学，而音乐一道，乃极荒落，终至灭绝，何也？西方音乐之推极盛，乃在十九世纪，亦以科学方法既兴，于审美制曲之术，乃极其妙故耳。即彼邦文学之盛，又何尝不与科学并驱。英之沙士比亚尚

---

①见本杂志本期《说虹》。
②沃慈沃斯，英十九世纪之大诗人。

矣。十九世纪之诗人,如英之沃慈沃斯、丹尼生(Tennyson)、本斯(Burns)、拜轮(Byron)、德之苟特(Goethe)、海讷(Heine),法之嚣俄(Hugo),皆极一时之盛。而苟特自己乃植物学大家,且于生物学中发明生物机体类似之理,而为言进化者所祖述者也。返观吾国之文学界,乃适与音乐同其比例。科学固未兴,文学亦颓废,间有一二自号善鸣,如明之七子,清之王、宋、施、沈,亦所谓夏虫秋蚓,自适其适,方之他人,著作等身,蔚然成家,何足选也。

　　以上所陈,但就所不足于科学者言之,以见教育之事,无论自何方面言之,皆不能离科学以从事。若夫智育之事,自科学本域,言教育者当莫能外,无容吾人之重赞一词。今当进论吾之第二问题,即导行审美之事,唯文学能之乎?如曰能之,当如何而后可?

　　文学者,又统泛之名词也。泛言之,凡事理之笔之于书者皆得谓之文学。故论辨、辞赋、小说、戏曲之属文学也,而历史、哲学、科学记载之作亦文学。乃今所言,对科学以为说,则当指其纯乎文章之作,而科学历史之属不与焉。大抵文学之有当于教育宗旨者,不外二端:一文法。文法者,依历久之习惯而著为遣词置字之定律也。及其既成,则不可背。习之者辨其字句之关系,与几何之证形体盖相类。故西方学者皆谓文法属于科学,不属于文学。吾人则谓其为文词字不中律令者,其人心中必无条理。故文法之不可不讲,亦正以其为思理训练上之一事耳。二文意。文意者,人生之意而文字之所达者也。科学能影响人生,变易人生,而不能达人生之意。于此领域中,惟文字为有权。然吾人当知文字之有关于人生者,必自观察实际,抽绎现象而得之,而非钻研故纸,与玩弄词章所能为功。吾国周秦之际,学术蔚然。以言文章,亦称极盛,以是时学者皆注意社会事实也。汉唐以后,文主注释。宋明以后,则注释与记事之文而已。不复参以思想,亦不复稽之事实,故日日以文为教,而文乃每下愈况。思想既窒,方法既绝,学术自无由发达。即文学之本域,所谓以解释人生之本意者,亦几几不可复见。独审美性质,犹未全失耳。乌乎！自唐以来,文人学士,日嚣嚣然以古文辞号于众者,皆审美一方面致力耳。至所谓"道"与"学"者,彼辈固不知为何物,亦不藉彼辈以传也。是故今日于教育上言文学,亦当灌以新知识,人以新理想,令文学为今人之注释,而不徒为古人之象胥,而后于教育上乃有价值可言。至于一切古书,亦当以此意读之,乃不落欧洲中世纪人徒读希腊、拉丁之故步矣。

要之,科学于教育上之重要,不在于物质上之知识,而在其研究事物之方法；尤不在研究事物之方法,而在其所与心能之训练。科学方法者,首分别事类,次乃辨明其关系,以发见其通律。习于是者,其心尝注重事实,执因求果而不为感情所蔽、私见所移。所谓科学的心能者,此之谓也。此等心能,凡从事三数年自然物理科学之研究,能知科学之真精神,而不徒事记忆模仿者,皆能习得之。以此心能求学,而学术乃有进步之望。以此心能处世,而社会乃立稳固之基。此岂不胜于物质知识万万哉！吾甚望言教育者加之意也！

载于《科学》,1915年第1卷第12期

发明与研究

　　人类之所以进化,由僿野而文明者,其必由于发明乎。荒古无史以前,人禽蜕化之迹,窅矣,不可稽矣;然而富媪〔缊〕之所蕴藏,石史之所昭示,莫不有其发明之事。盖自灵明发舒,知器具之为用,而人类遂首出于庶物。继兹以往,由石器而铜铁,易皮革以冠裳。巢穴也为之宫室以安之,险阻也为之舟车以通之。鲜食而代以树艺,结绳而易以书契,极至养生送死由俗交易之事,莫不大备,灿然为近世之社会。若是乎人无论其文明程度若何,盖无日不在进化之中。其无日不在进化之中,以其无日不有发明之事。所谓进化程度之深浅,特此发明多寡之表征而已。发明绝,则进化或几乎息,而失所以为人之具矣。然则发明之为重,不于此可见耶?

　　上古发明之所由起,解之者不出二途。其一,谓草昧之世,浑浑噩噩,有天纵之圣者出,神明独运,左执造化之橐籥,右开浑沌之窍奥,而正德利用厚生之事,于是出焉。《易·系辞》言庖牺、神农、黄帝、尧舜之王天下,而推本其观象画卦,作结绳而为网罟,斩木为耜,揉木为耒,舟楫、弧矢、衣服、宫室,重门击柝之制作,所谓"天相下民,作之君,作之师"者。盖以备物制器以为民用,固首出庶物之圣人所有事,而非凡民所得几焉。此一说也。其二,则以为大凡发明之事,皆得之偶然。创作者特利用当前之经验,以开后此之利便,如甄克思作政治小史①,谓原人之识树艺,乃由前岁遗种于地,发荣滋长,结实可食,有以成其播种待获之观念。而兰姆(Lamb)亦言,中国人唯知食生狙,厥后有豢狙者,家毁于火,群狙歼焉。其子偶探烬余,因识烧狙味。他日欲食狙,则筑室聚狙而焚之。此虽寓言,足以代表偶然发见说之大意矣,由第一说,发明之事不可视以为易。由第二说,发明之事不可狙以为常。则发明之寥寥,与人类进化之迟迟,无足怪也。

沃力斯(A. R. Wallace)作《奇异世纪》(*The Wonderful Century*),尝历数十九世纪中发明之最要者,约得十二。曰铁道也,汽船也,电信也,电话也,自来火柴也,煤气灯也,电灯也,照象也,留声机也,伦得根射线也,光系分析术也,麻醉药也,防腐剂也。十九世纪以前得重要之发明凡五,曰望远镜也,印字机也,指南针也,亚剌伯数字也,拼音字也,加以挽近发明之蒸汽机与气压计而七。沃氏于十九世纪则多所予,于前世纪则多所夺,意存乎轩轾,而蔽中乎权量取舍虑未协也。盖语发明之轻重,不当专取其事之新奇。如文字印机之效用,岂自来火、煤气灯照类所可同日而语耶。然近百年间之所发明,远跨乎有史以来数千年而上之,则固事实之不可掩者,虽欲为前人曲护而无如何者

━━━━━━━

①即严译之《社会通诠》。

也。(如前人所用色料,无过十数,近自人造色料发明,乃达数千百矣。)若然者,非今人之智突过前人,亦非今人承天眷佑,所遇之幸运独夥。盖有其发明之术焉。发明之术者何?曰研究是矣。执环枢以临无穷,而后造物秘藏之奥欲遁而不得也。

人类幸福之增进,必有待于三类人之力。三类者何?一曰真理之发见者,研究天然界之现象。二曰真理之传播者,普及知识于畴众。三曰真理之应用者,发明制造之新法以供人生之需求。是三者,其有造于人类之幸福同,而取程各殊。有第一类人以为之前,而后第二、三类人有所据以立事。譬之开创草昧,第一类人为新地之发见者,第二、三类人则筚路蓝缕以启山林,为子孙生聚之地。故研究之性质,大别之又可为二。一曰科学之研究,其目的在启辟天然之秘奥。一曰工艺之研究,其目的在驾驭天然以收物质上之便利。细别之,属第一类者,可称之为发见(discovery)。属第二类者,可称之为发明(invention)。发见与发明为用不同,其有待于研究又同也。

今人习闻牛顿见苹果坠地而悟重力之理,瓦特见蒸气动壶盖而发明汽机故事,以为发明之事,皆得之偶然,而无所用其苦思力索,此大误也。此念不去,研究之功不至,则发明乃终无望。吾不谓发明之事,遂无得之偶然者,特所谓偶然者,亦一时惊异之云尔。苟今其前后观之,虽偶然而非偶然。何则,非孜孜兀兀好学不倦之士,断不克遇此种偶然之事,即遇之亦将熟视无睹。且偶然之发见,不过如抽丝得绪,求雏得卵,为一种隐微之表示而已。将循之以有成,仍有待于讲求。闻者疑吾言乎?吾请举发明之出于偶然数事以明之。

其一,征之电信之发明。电信者,藉电力与磁之作用,而成记号以通意息。当千八百十九年,厄斯台特(Oersted)方教授于科奔亥根大学(University of Copenhagen)。一日于讲室中以铜线导电;线下有磁针,忽自转动,由是知电流于磁针有影响。安培耳(Ampere)继之,精究其蕴,遂悟用电力与磁石可传消息于远方。至千八百三十三年,德学者篙斯(Gaus)与维勃(Weber)乃于戈丁恩(Gottingen)短距离间,行电信之实验。故今日横绕地球二百五十周之电线,皆厄斯台特偶然之发见启之也。

其二,征之胶状炸药之发明。胶状炸药者,用可溶棉和以硝基甘油(Nitroglycerine),方今最有力之炸药也。硝基甘油,为炸药中之要品。顾其物为液体,不便取携。曩日造炸药者,常以轻石粉和之,俾成固质。然轻石粉为非燃质,大足减杀爆发力。瑞典化学家那培尔(Nobel)欲有以易之久矣。一日伤指,因以溶棉敷伤处,既视瓶中犹有余沥,乃注之硝基甘油瓶中,硝基甘油得溶棉即凝成膏。于是那培尔大惊,以为此问题之答解在是矣。盖溶棉即无烟火药之溶于酒精以色合剂者。与硝基甘油合,不唯无损其爆发力,且足增之,而又能达变流为凝之目的。那培尔益加研究,遂成胶状炸药之发明。溯其原因亦得之偶然而已。

其三,征之煤气灯罩之发明。燃煤气于空气之中其焰不明,不适于暗室之烛。故当煤气灯罩未发明以前,煤气灯几有被逐于电灯之势。发明以后,煤气工业乃复与电灯竞雄于市矣。大凡焰之有光,以有固体质点在焰中热至白热故,此习化学者所习知也。煤气灯罩之构造,即在以稀金属钍 Th 与锶 Ce

之硝酸盐溶液,浸之棉网中而烧之,以得此稀金属之养化物,为煤气焰中之发光体而已。当威斯拔赫(Welsbach)在化学大师黎别希(Liebig)试验室中研究稀金属也,一日以钍与锶之盐类溶液浸棉布,纳之焰中,乃大发奇光。且棉质焚去而钍质不毁,其光因得永久。于是进研何质能发光最强,何术能保持烬余使历久远,此即现今通用煤气灯罩之起源,而亦得之偶然者也。

吾于千百发明中,而独举是三者,以其物为吾人所习见,且甚为重于工业界故也。抑是三者之发见,虽若出于偶然乎。吾人所不可不知者:(一)厄斯台特、那培尔、威斯拔赫之三君者,皆硕学耆宿,精研不倦。当其发明未至以前,耗送于试验室中之光阴,已不知几何。于千百试验中而得一二意外之结果,与其谓之天幸,吾宁归之人力。(二)由发明以至成功,其所经之程途又几何。有厄斯台特之发见,而无安培耳、篙斯、维勃之研究,则电信无由成。有那培尔、威斯拔赫之发见而无后此之研究,则胶状炸药与煤气灯罩仍不过学者之梦想。由后之成功,以观前之发明,譬犹豫章种子,虽具参天之势,而不得所培养灌溉,则句萌无由达,而枝叶更无论矣。是故发见有偶然,而发明无偶然,即此偶然者,乃亦勤苦之结果,吾人言发明而不先言研究,岂得谓之知本者耶？

发明之出于偶然者,既有如是矣。其不出于偶然者则何如？科学之最大职任,在据已知之事实,以测未来之结果,然则应用科学之知识,以达所蕲向之目的,乃真发明家所有事,而侧身科学之林者所不可不勉者也。发明之属于兹类者,其事至夥,细数之不能终其物。略而言之,则有如兑维(Davy)之发明全安灯,先研究矿穴中气体着火之性质,而后据铜丝传热之理,以成安全灯之制。造舟以铁,铁足以影响磁石,而舟中指南针失其用,则有乔治(Sir George)与恺尔文(Lord Kelvin)算明磁力相消之理,以得机械的纠正之术而大海乃非迷途。且夫言发明于近世,其足以激发吾人之神志者,孰有如固定空中硝素之法也耶?方一八九九年,克络克斯(Sir William Crookes)发表其食麦问题之论也,历指五十年后世界人口之增加与所须于食麦之量,而惴惴然于智利硝石之垂尽。智利硝石者,种麦必须之肥料也。硝石乏则肥料缺而食麦之出产减。以减缩之麦产,供方增之人口,欲人类之免于饿莩难矣。克络克斯于是为之言曰,发明固定空中硝素之法,以拯世界人类于饿莩,此当今化学家所有事也。①克氏此说出,大惊当世学者,其热心者乃从事于固定硝素之研究。今则发明辈出,固定硝素之事,已成工业上之成事。欧洲交战各国,且赖以给军事制造之供矣。凡若此类,皆先具其意,乃进而求达此术。此术无他,即由科学律例,据已知之事实,而定解决实际问题之法是矣。虽繁难之业,或非一蹴所几,然凡事皆由渐次积累而成,发明何独不然。一年所不能成者,以十年二十年乃至百年之时间为之。一人所不能成者,以十人百人乃千万人为之。泰山之溜穿石,以其日滴不已也。淤流之土成邱,以其日增不止也。启之辟之,其术弥广,钻之剔之,其蕴弥彰,发宏光大,日进无僵,物用攸赖,世运文明,其斯为研究之功,而发明之赐乎。

---

①参观本杂志第三卷第六期都作《空气中硝素之固定法》。

夫发明有待于研究,而研究又有待于历久之积力,然则研究将由何以继续不辍耶?曰:是有组织之法在。研究之方法,非本篇所欲及也,研究之组织,可得而略言之。外国学术研究之组织,概别之可为四类:一曰学校之研究科;二曰政府建立之局所;三曰私家建设之研究所;四曰制造家之试验场。兹请依次道其大概,而各举一二例以明之如下:

一、大学及专门学校之研究科。学校者,学术之府,而知识之源,研究之行于学校久矣。顾其成效之著否,亦视其组织之当否而异。凡学校中之研究,可分为二类。

(1)纯粹的科学研究。其行之也以(a)教师。教师者,专门名家,于其本科固已坚高毕达,而钻研之能又尝为人所共见者也。故研究之业,是其专职。现今最进步之大学,其名教师多不复多任讲授之事,而致其全力于某问题之研究,或为他学者研究之导师。盖用其所长以为他人所不能为之事,自学问经济上言之,固应如是也。(b)毕业高材生。此辈大多聪明才俊之士,于毕业后复求深造,立于某教师指导之下,而研究某业,于学术上之贡献最为有望。方今有名大学,皆于此等学生有特别助资之例,使此等有望之才,不至以无资辍业,所谓饩友费(fellowship)者是也。助资之法,有由公家年出经费者,有由私家捐款若干存校中用其利子者。捐款之人,并得指定此项助费,专为研究某项人才之用,他项无得越取。一举其例,美国哈佛大学文艺一院,得饩友费凡三十九,支费凡二十三万余金。以类分之,科学三,政治四,教育一,音乐一,古学三,文学三,其余无所专属凡二十四。此特其一院耳,其他各院莫不有之,其他著名之各校又莫不有之,则彼邦奖学之盛可以见矣。赫胥黎有言:"无论何国,苟能费十万巨金,发见一法勒第,置之高明之地位,使尽其所长,则所获必且倍蓰。"谅哉言乎。

(2)工业上之研究,其行之也,或以教师,或以学生,与上无异。唯其研究之问题,或出于学者之本意,或出于实业家之嘱托,故其教师或同时为实业家之雇庸,学生或受特别助费。此种办法,在实业界程度已高,知学术研究于增进实业之效率为必要时,固屡见不一见者也(参观下节私家建设之研究所)。

二、政府建设之局所。近代社会进化,山林虞泽兵农工商之事,莫不各有其专门之奥义。政府欲为之增进事业,整齐法制,则不得不有特设之局所,以从事科学的研究。此等局所,于美国为最盛。盖其国家闲暇,财力充裕,而中央政府又能脱然于地方行政之烦苛。其中央各部之某某,与其谓之行政机关,无宁谓之科学研究所之为确切。略举其例,如农林部分科凡十七:曰部长事务科,曰畜产科,曰林政科,曰林产科,曰化学科,曰土壤科,曰生物调督科,曰度支科,曰出版科,曰收获概算科,曰图书科,曰气候科,曰州交科,曰家计科,曰道路及乡野工程科,曰市场及乡市组织科。全部事业大别之可分为三:曰日常科学事业,曰特别研究,曰教育事业。凡农业上改良之事,莫不验之于实习场,而后布之于大众,盖官署也而不啻全国农夫之师资矣。此部1915年之用费,凡26 650 000美金,用人一万五千,其从事科学研究者约二千云。

次言其标准局(Bureau of Standard)。标准局之职志:

(1)保管各标准度量,并以科学的研究保持其常值。

（2）比较各州各市所制之度量而正其差谬，凡用于商工业及学术上者皆及之。

（3）制定新标准以应科学与工业进步之需。

（4）定量物之器以为制造者法，使校正其出品，并使用物者本之以为较量。

（5）关于标准问题之专门研究。

（6）测定物质之物理的常值及常性。

局中分科凡七：一衡量，二热及热量，三电力，四化学，五建筑物料，六工程研究，七冶金。用人凡四百，其中约四之三皆科学专家。其常年用费约 625 000 元，其建筑费 1 000 000 元，设备费 425 000 元也。此局之效果，一足以助工业之进行，二足以辅学校之讲求，三可以为公私机关之顾问，皆于学术发达有益者也。

以中央政府之机关而从事于学术之研究者，尚有如矿务局（Bureau of Mines）、公共卫生局（Public Health Service），本篇限于篇幅，不及备详。其非行政机关而为公家事业者，则有斯密生学社（Smithsonian Institution）。此社以英人斯密生（James Smithson）之遗产为之基，而美国国家拨公帑助之以供其建设。其社之目的有二：

（1）增进知识。其行之之术亦有二：

（a）置重奖以励新理之研究。

（b）划进款之一部以供研究之用。

（2）普及知识。其行之之法为刊布书报。其出版物凡三类：

（a）年报，以表科学之进步。

(b)专报,以发表专门著作。

(c)杂报,荟萃各重要科学上之著作,探险家之报告与其他重要书目而刊布之。

此社事业所及,又不仅学室之研究,与文字之传布已也。方今美都华盛顿所有之公益事业,学术机关,如博物院、美术馆、动物园、气象台、飞机试验场等,莫不以此社为之母,而此社于气象与飞机事业之开创,厥绩尤伟。

三、私家建设之研究所。研究所之由于私家建设者,如英之皇家学社,尚矣。求之于美,亦复指不胜屈,今举其一二以代表之。

1. 卡内祁研究所(Carnegie Institute)。此所为美国钢铁大王卡内祁所创建。其捐款凡美金二千二百万,年可生息一百十万。此社之目的,就其注册所言者曰,将以奖励研究与发明,以谋人群之进步。其达此目的之术有三:(一)所内自立之研究,以行研究之远大者;(二)所外研究之资助,以行研究之简易者;(三)出版事业,以发表(一)、(二)所得之结果,并刊行不经见之书籍。全所组织,可略分为四部:(一)管理部,(二)出版部,(三)研究部,(四)所外研究部。其研究部内容,博大繁赜,部中分股凡十一:

(1)实验生物股,成于1903。

(2)植物研究股,成于1905。

(3)胎形学股,成于1914。

(4)海中生物股,成于1903。

(5)营养试验室,始于1903。在波斯顿之试验室,成于

1908。呼吸热量计,即此试验室有名器具也。

(6)地上磁力股,成于1904。1909年无磁舟名卡列基者成,而海上磁性之测验始与陆地无关。

(7)地质试验室,成于1904。1907年特别试室成,备诸化学物理器具以研究矿质。且令矿质在高温高压下与地球初成之状相等,以验地壳生成之情况。

(8)赤道天文股,以测南半球星象。

(9)威尔逊太阳观象台。

(10)生计社会学股。

(11)历史研究股,搜索历史秘传,旁及各国宝书与目录刊布之,以为史家研究之助。

以上皆所内之研究也。所外之研究,则有所谓所外研究员之设,于所欲研究之事,择他处之能者使之从事。其人数或独任一人,或同数人共任一事。年资若干,有时竟与学校之延聘教授无异,其年限亦无一定。

卡列基研究所之财政,以董事二十人主之,三分董事之数,一由法团中人出之,一为工商业中人,一为科学家。董事年会一次,以定进行之计划,及财政预算。平时所内事务,以管理部主之。管理部之组织,以所长、部长、书记,及其外五人。董事会议时,由所长报告其意见,以定进行之方针焉。

2. 梅伦工业研究所(Mellon Institute of Industrial Research)。是所为辟次堡大学之一部,亦私立研究所之一,而其用意及组织为尤善。其目的有二:(一)研究工业上未解决之问题;(二)养成研究之人才。其组织之特点,在所谓工业饩友制(iudustrial

fellowship system）。何谓工业饩友制？今使有人于此,于某种工业问题,须待研究,乃出金若干于是所,以为饩食一人或数人之资。此研究所则用其资,为择相当之人以研究其问题。其研究所须,由所供之,研究所得之结果,则归诸出资者。

所中之饩友凡两种：一为单,一为众。单者一人作一事,自对于研究所负责任。众者数人合作一事,其首者对于研究所负责任。其行事次第：一问题至研究所,主者则择一曾在毕业院才能昭著之人,使任其事。其人既受任,则往出资者之工场,宽以时日,以察其问题之要点。且使与工场情形相悉熟,新法成时,不至有扞格之患。既乃返所,遍搜书报,观前人于此问题有所研究否。既尽搜讨之功,乃自出研究之术,于试验室中行之,以所得结果上之研究所长。如所长以所得有商业之价值,乃于附近设一小工场,以试验其法果足用于制造业否。如历试之而皆有效,出资者乃进而设立工场,以新法从事,而一新制造业出焉矣。此制于各方面皆有利,略举之：

（一）属于出资者,(a)得研究所器备图书之便,以小资而收巨效;(b)得所中教师之指导,而收专门人才之用。

（二）属于研究者,(a)得以科学方法研究工业问题;（b)研究之后即见实行;（c）青年寒酸,得因实际之研究而自成实业家;

（三）属于学校者,得多数专门人才聚于一堂而研究各种问题,求精之学风,不期而蔚然。

（四）属于有众者,研究所得之结果,以特别规定,得公布之永为公共产业。

据去年澳洲政府调察报告①此制施行以来,不过五年,制造家之以问题来求解决者凡四十七,置饩友凡一百有五,出资共三十六万元,而所中所费亦十七万五千元。问题之得圆满解决者,凡百分之七十。所发明之新法,用于制造上者,不下二十云。

四、制造家之试验场。以近世进步之速,竞争之烈,业制造者,势不能故步自封,而必时时以改良为务。欲图改良,则研究其首务矣。各国大制造家,皆自设研究所而延有名专家主其事。德之(Badish Soda Fablik)公司,以制造人造靛著名于世,乃得之二十年之研究。近又以发明固定硝素及合成安摩尼亚法为学界所称道,吾前作他论已道及之矣。②美国大工厂之设有试验场者凡五十家③,其最著者,如 The General Electric Co., the Eastman Kodak Co., the H. K. Mulford Co., the Dupont Powder Co., the Edison Co., the Westhouse Electric Co., the Pennsylvania Railway CO., the Vacuum Oil Co., the American Rolling Mills, the National Cash Register Co. 等。

凡制造家之设试验场,其目的不出下列三者:(一)以分析法定所用物质之成分,因得操纵制造之方法。(二)以工业的试

---

①Memorandum on the Organization of Scientific Research Institutions in U. S. A. by Australia, Science and Industry Commonwealth Advisory Council, 1914-15-16. 本篇多据引之。
②参观本杂志第三卷第六期。
③Memorandum on the Organization of Scientific Research Institutions in U.S.A. by Australia, Science and Industry Commonwealth Advisory Council, 1914-15-16. 本篇多据引之。

验,求改良制造方法与出产,并减少制造之成本。(三)研究科学上根本问题之与工业有关者,盖工业之进步,必有待于科学知识之发达也。今举一二以见例。

1. The Eastman Kodak Co. 以造照象器具著名者也。其研究所约分两部:一为制造部,以行制造新器之试验。一为科学部,则专由学理上研究用于制造上之物质。其科学部又分溷液化学、无机化学、有机化学、物理、原色照象、分光镜等科。其所得结果,多由各科学杂志公世,于制造学术两有裨也。

2. The General Electric Co. 以制造电力机械著于世。自1901年,即组织化学物理试验研究所,迄今设备之费,逾五十万元,而常年经费亦二十余万元。所中从事研究者约二百人。试验室散在各地,分分析化学、物理试验、分光镜试验、电灯试验、伦得根射线应用、绝缘质试验、炭素刷及他合金与稀金属钨硼铜等元质之试验等。试验室之职务,有为:

(a)纯粹科学上之研究无一定目的者。

(b)改良制造方法及所用物质者。

(c)发见特须之物品为者。

(d)用研究室所得之结果以制造商品者。

此其大较也。此公司之新发明,得于纯粹科学之研究者为多。如近今行用之电灯线,中实以硝气,非如从前之真香,乃研究细线失热定律与钨质蒸发之结果。电灯线之用金属线以代炭线,又为真香炉中高热研究之结果。又伦得根射线管之制造,此公司亦多所发明。其佣为研究者,大概大学专门学校之毕业生,一二化学、物理学界中之宗匠硕师,亦居其中。如是公司者，岂得但以制造家目之哉。盖技也，而进于道矣。

以上所征引，特为每类见其例，而已累牍连篇，更仆未尽，则他国科学研究之盛，亦大可见。其发明之众，进步之速，又不得委为天之降才尔殊明矣。吾国近年以来，震惊于他人学问文物之盛，欲急起而直追之久矣。顾于研究之事业与研究之组织，乃未尝少少加意。兴学已历十年，而国中无一名实相副之大学。政变多于蜩螗，而国家无纳民轨物之远猷。学子昧昧于目前，而未尝有振起新学之决心。商家断断于近利，而未尝有创制改作之远志。茫茫禹甸，唯是平芜榛莽，以供楮寙民族之偷生苟息而已，所谓文明之花者，究何由以产出乎？当吾《科学》之初出也，不佞尝为之言曰："临渊羡鱼，不如退而结网；过屠门而大嚼，不如退而割烹。"今作此篇，亦欲为羡鱼者授之以网，过屠门者进之以肉而已。世有进而结之割之者乎？成规具在，其则不远，藉攻玉于他山，成美裘于众腋，作者之幸，当无过于此者矣。

载于《科学》，1918年第4卷第1期

发明与研究(二)

曩吾作《发明与研究》,意在告人发明非幸获之事,而欲求发明者注意于研究,因举美国关于研究事业之组织,以为有心学术者取法。虽然,研究事业之组织,研究之所托以行,而非研究之所以为研究也。凡挚息地球之上,号称文明之民族,各有其学术,即莫不各有其研究之方法。而考厥历史,其发明之数,或相倍蓰,或相什伯,或相千万焉;或者其研究之术不同,故其结果亦异耶。不佞曩言研究而未及乎研究之术,甚虑贻买椟还珠之诮,因不揣谫陋,而有此篇之作。

今欲言发明与研究,请先下研究及发明之定义。

发明者,由其所已知及其所不知,由所已能及其所不能之谓也。知与能范围甚广,则孺子舍乳而就食,亦足以为发明也乎?曰:不然。吾所谓知不知,能不能,就人类智能之全量言之也。于人类智能之全量有所增益者,始得谓之发明。据此为准,得可以为发明之表征七事如后:

(一)由觉察而得新观念。

(二)由观察而得新事实。

(三)比较两事实而得其同异之点。

(四)比较两论点辨其同异,而得一新理。

(五)分析一复杂之观念,得其较新而简者。

(六)联合二个以上之观念而得一新观念。

(七)应用已有之知识,变不可能者以为能。

七者各以例明之。如牛顿之发明重力定律,达尔文之发明天演学说,此由觉察而得新观念者也。坠物无不向地,生汇莫不演进,事实日在吾人之目前,而吾人莫悟其意。牛顿、达尔文二氏之发明,非事实也,特事实之意而已。若是者吾人谓之新观念,科学上发明之最简而范围最广者,此类是矣。(二)由观察而得新事实。科学上之发明多属此类。最著者莫如知疫疠之生于微菌,谂彗星之具有轨道,一藉显微镜之力,一藉望远镜之力,皆足为"观察"二字之定解,全部质科科学皆由此类发明出者也。(三)比较两事实而得其同异之点。如雷立(Rayleigh)比较空气中硝素之比重,与用化学法所得硝素之比重,而见其差异。兰姆右(Ramsay)因之遂发明空气中之氩、氪等质。最近哈佛教授列敕迟(Richards)发见铅之由辐射体(Th)变成者,其原子量常较平常之铅为重。此特由比较而见其异点,尚未及其他新发明,然即此比较之结果,欲不谓之发明,已不可得矣。(四)比较两论点辨其同异而得一新理,如曰物质之极点为不可分之微粒,或为不可断之丝缕,此两说也。得其同异之点焉,曰:如为微粒,则有羼和互入之能。如为丝缕,则将纠绕纷纭,分之不易合,合之不易分,而自物质之常性言之,殊不如是,故学者宁取微粒说,而原子之说由此出焉。(五)分析一复杂之观念,得较新而简者。如火之熊熊,为热为光,吾人对于火之观念,一复杂之观念也。顾分析之,则火者无过物质剧烈化合之一现象。其热即化合力之表现于外者也,其光则热力之及于他物而使之然者也。然则化合现象之观念,不视火及光热之观念简而易知乎。又如取水以吸筒,拴动而水升,常人曰:此吸力也,吸力之观念,犹是复杂。分析之,则因筒拴上升而筒成真空,于是有真空之观念。水受筒外空气之压而上升,于是有空气压力之观念。分析愈密,则观念愈明,科学之基础,其在是乎。(六)联合二个以上之观念而得一新观念。最显著者莫如化学上之气体定律,所谓压力与容积之相乘积,与绝对温度成比例($pv = RT$)者,乃合鄱伊尔(Boyle)、盖吕撒克(Gay Lussac)二律而成。又加物理上热之正确观念,乃得于能力不减及能力可互变其形,观念既明之后,皆此类也。(七)应用已有之知识变不可能者以为能,则晚近工业上之发明,胥属此类。入彼邦大市之图书馆,披览其发明注册者之夥赜,未有不舌拃目瞪,叹其人竞求进步之烈而富强之效有以也。虽工业上之发明,多待科学上之发明而后成,谈者若有不屑之意。然无此种发明,恐今人所能之事出于古人者亦几希矣,故以殿焉。

上面所说发明之表征凡七,复按七事之中,所可认为发明之根柢者有二,即(一)与(二)所谓有觉察而得新观念,由观察而得新事实者是也。以下各条,就其为术言之,则进而愈繁。就其取材言之,则仍不外乎观念与事实二者而已。根据此说而吾研究之定义可得而言。

研究者,用特殊之知识,与相当之法则,实行其独创且合于名学之理想，以求启未辟之奥之谓也。研究之表征，亦有二事如下：

（一）研究必用观察与试验，其结果必有新事实之搜集。

（二）研究必于搜集之事实与观察所得之现象，加以考验，使归于一定之形式，而成为新知识。

由此观之，研究与发明，于次则有首末之殊，于律则有因果之别，而实具有一不易之鹄，作始之点焉，则所谓新事实是也。当其向此鹄而行，则谓之研究，及其既达此鹄，则谓之发明。（观念虽与事实并重，然非先有事实以为根据，其观念即为悬拟虚想而无科学价值。）故研究之第一步，莫要于搜集事实矣，而搜集事实之术将何出乎？

今夫事实云者，谓其事诚有迹象可寻，而非意想中之悬拟推想，如烟云屪气之不可复按者也。其诚有之事实，与意想之悬拟所由异，则一必经乎视听嗅味触之五觉，一则不经五觉之官知，而但纵心灵之鼓动是矣。（虽科学上定律之发明，如原子说、分子说等，盖未尝经官感之实验。然此说之成，乃研究所得之结果，非以是为研究也。矧原子、分子等说，自严格言之，犹是假设。近世学术愈进，则原子之存在有能证之者矣。）譬如吾言日中有氦（He），此非悬想之言也。以分光仪当日而取其图，则氦之橙黄线在焉，视官可得而察也。今如又言日中有人，则纯为虚拟。吾诘以迹象，而其说立穷。凡事实与虚想之分具此矣。是故研究之事，经纬百端，极其作用不过两事。

一曰观察。观察不限于目前之应用而已，凡耳之所听，鼻之所嗅，舌之所味，四肢之所接触，肌体之所感受，外物之形态性质,运动变化,足以起吾人之感觉者,皆观察所有事也。或者将疑人有目孰不欲视,有耳孰不欲听,有鼻舌四肢孰不欲嗅味触受,而何以观察独为研究之事?吾不欲作已甚之言,谓世固有具目而盲,具耳而聋,有心知百骸而不知用者。唯用之也,有其故而后不纷,有其术而后不妄。不纷则有条贯,不妄则可征信。有条贯,可征信而后可成有用之知识。凡观察之有当于研究者准乎此。反是,与研究无与者,并不得谓之观察也。

二曰试验。试验与观察,非二物也。当行试验时,手营目注,何一而非观察,无观察是无试验也。而必别试验于观察,亦自有说;盖观察多就自然现象言,而试验则以人力变更其缘境而观其结果。观察不足尽研究之能事,其故凡三:(一)观察只及于自然现象,因之所得之事实亦至有限,而非先得多数事实,不能得正确之结论。(二)观察但及于已然之现象,不能分析组成此现象之各因子(factor),而权其轻重之次。(三)观察但及已然之现象,可以得事实,而不足以证理想。易言之,适于归纳之论理,而不适于演绎之论理是也。用试验,则三病皆除。其除第一病奈何?曰:试验者为之在人。试验之数无穷,而吾所得之事实亦无穷。悬死蛙焉,接以刃而股动,因以他金属试之,不俟偶然之再遇也。其除第二病奈何?曰:试验之情形,变之以意,而不泥乎一方,则构成此现象之因子可定。有气体焉,在某温度以上,无论压力大至何许,不可液化,故欲压气成液,温度之因子为尤要矣。而所谓"临界温度"(critical temperature)者,大半甚低,非由特别试验,何从得之。其除第三病奈何?吾心中有一理想,以为可以实现,而欲其实现,必先得理想中之境缘。若是者求之于天然或难遘,求之于试验室则易为功。空气可以制硝,行之于天然界,已不知其几千万年。而得之于试验室,不过晚近十数年间事。则以硝养存在必要之境缘,至近十余年前而始发明,得依之以为试验故耳。观于以上三者,则研究之不能一日离试验,彰彰明甚。无惑乎今之从事研究者,其全神所注,未有出乎试验之途者也。

或者曰:试验既与观察相联系而不可分析,然则言试验以包观察不可乎？曰：不然。发明之中,亦有不须乎试验者。如地质上古物之发明,发掘富缊,缒幽凿险,尽观察之能事而止耳。亦有并不须观察者,如算术上定理之证明,伸纸握椠,布画量度,尽心能之能事而止耳。然此特占学术之一小区域,未可据为典常。或者又曰：观察与试验即有所得,未必遂足厕发明之林,然则研究之事,岂遂以观察与试验止乎。曰：何为其然也。观察与试验为研究之第一步,吾故重言以申明之。事实既陈,材料既备,乃可进施研究之术。将类别之以观其同,或比较之以著其异。将分析之以窥其微,抑综合之以会其归。要之一说之成,当不戾于名学之理,不反于科学之律,而又可以复按旁证,颠扑不破,如是之谓研究有成,而其用术固不可以一例拘矣。

以上所举研究之要点,自纯粹为学术真理者言之也。至求工业上之发明,则研究之术有以异乎？曰:奚其异。工业上之发明,既以应用科学知识为根柢,研究之法,自不能与科学异其步趋。特科学家与工业家所对之问题既殊,故其注目之点亦有不同耳。一物质之变化,行之于玻璃杯、煤气灯之下者,移而置之工场、石池、汽锅之间,而未必能指挥如意。盖即此物量多少、器具大小之差,而境缘之殊异以生。试验室中之可能是一事,工场中之可能又是一事。移试验室中之可能,以为工场中之可能,工业上之发明大半在是矣。信如斯也,工业上之发明,亦岂能于观察与试验之外别有途术。盖吾言试验,固以变更当前境缘以求所明结果为其特长。变更其境缘使合于工场之情况,所得即工业上之发明。德人以色料工业冠绝世界,而不虑为人所夺,非特以其学理之密,亦以其制法之精耳。然则工业上之发明,亦乌可不唯日孜孜而能望其有获耶?

若夫研究之不属于工业,而直接为工业为所托命者,其例至繁,不可枚举。昔者法兰西之蚕患黑点病(pebrine),丝业大受损,不得已请巴斯多耳(Pasteur)研究其病源。巴氏于养蚕术向无经验,顾其精锐之眼光则有以察蚕身小黑点为其病根所在。于是自取蚕养之,察其生长卵化,知其病由遗传,非尽去病卵,其害无由绝。于是发明以水验卵之法,病者毁之,无病者存之,蚕病去而法之丝业乃复振矣。自克洛克斯(Crooks)发表食麦问题论,深思远虑者,共惕然于肥料之将绝,而人食之不可保。然化学上气压与化合平衡之关系未发明以前,固定空气中硝素犹是不可得之数。今则有化学上之发明以为之前,而固定硝素遂成当世一大工业,且为战时诸国争存之所托命,是又可见研究之必要,而发明之不可已也。

吾言发明而归重于物理上之发明,以其直接为科学之所寄也。言研究而归重于观察与试验,以其为学术之所始也。入学艺之圃,观讲习之林,老师宿匠蛰居一室,图史满前,奇器绕右,水奔火腾,穷年矻矻,疑若神秘玄奥不可究诘。诚能升其堂,入其室,则知一器一物,一举一动,莫不有其意义。彼盖既尽人间故纸中之旧知,而持此观察与试验之橐钥,与自然界争未发之奥蕴故耳。有天赋之能,杰出之材,其由颛蒙以进于创作之彦,程途所历,犹可以想象得之。假设其人初入高等大学,尽数年之力,通各科之要义而习其方术,是为博涉时代。次则独取一科,专究其蕴,于崖涯无所不极,是为专攻时代。次则积力既久,渐见他人所钻研者,罅漏尚多,有待弥缝,于是根已往之知识,出独创之新裁,以为研究之张本,是为预备时代。次则其所谓独创之新裁,未必果有当于研究之目的,而能得所期之结果也,于是就其道之老师硕匠而就正焉。或处老师硕匠指挥之下而行其实验,有谬误而为之匡正,有不及而为之补益,是为试行时代。行之既久,用思之道愈密,实验之术愈精,谬误粗疏等弊举无由侵其所事。于是自信之念亦油然生,而独立研究之材于是成矣。吾不谓承学之士,人人能臻此境,吾尤不谓欲逮此境者,人人必经此数阶级。特陈行远自迩之序,定中人与能之途,大体所归,当如是耳。夫为学之术,莫要于发展学者之本能,与以相当之训练,使遇新问题出,得用正确之方法以行独立之研究。若是者,岂独科学为然哉,岂独发明为然哉,凡欲昌明神州之学术,而致之于可久可大之域,举不可不以此为帜志矣。

曩读格雷戈列(R. A. Gregory)《发见》一书,引汤姆生教授(Thomson),之言曰:"There are three voices of Nature. She joins hands with us and says Struggle, Endeavor. She comes close to us, we can hear heart beating, she says Wonder, Enjoy, Revere. She whispers secrets to us, we cannot always catch her words, she says Search, Inquire. These, then, are the three voices of Nature, appealing to Hands, and Heart, and Head, to the trinity of our Being。"爱其文有诗意,作"三声"以译之,请诵之以终吾篇。其辞曰:

谁能听无形,有声常在耳。
造物意良殷,所语非一指。
首言汝善竞,不竞乃邻死。
携手向战场,克敌力是视。
惺惺复惺惺,彷拂声可聆。
岂唯声可聆,如闻心忡怔。
大块多奇伟,不乐复何营。
亦有细语声,隐微难尽解。
但道穷探索,真理如烟海。
人身有三灵,曰手、心、脑髓。
汝不听无形,何以异鹿豕。

载于《科学》,1918 年第 4 卷第 2 期

科学与实业之关系

有人问:"我们中国人和欧洲人程度相差有几多呢?"我答:"至少有三百年。"这个话怎么讲呢?欧洲科学未发明以前,他们的学术思想社会情形,也同我们现在的中国差不多。有了科学过后,才有他们那些天文、地理、物理、化学的学问。有了这些学问,才有那机械、制造、轮船、火车、电灯、电话的新发明。所以讲到近世欧洲的文化,简直可以把这科学的出世,作为一个新纪元。这新纪元开辟以来,算到如今不过三百年罢了。如今先要讲科学究竟是个什么事体。

我们要认识一个人,不但要知道他的姓名,并且要知道他的来历。兄弟今天要说科学是个什么事体,自然也得把科学的来历讲一讲。诸位晓得欧洲中世纪的时候,宗教势力甚大。学校中所研究的不是希腊、拉丁就是亚里士多德逻辑。古人所不曾说的,他们便不敢越出范围一步。所以当时思想界也是极其守旧,而且枯槁。到了十六世纪的后半期,有位英国哲学大家培根先生出世,著了许多书,极主张求学的人所当研究的不是古人遗留下的故纸,却是那天地间自然的现象。求学的方法,也不是徒然背读古人的书能记得用得便了,是要自己去观察与试验求那切实可靠的事业。他创的这种为学的方法,现在我们叫做归纳法。归纳法的意思,就是凡事先从事实入手,由许多事实中再抽出一个公例。这个话看来容易,做起来却是极烦难的。比如今年某处养蚕,还未到成茧的时候,便通通病死了。要研究这病死的原故,平常人第一的想头是蚕神菩萨没有供得高。但是他把蚕神供过,他的蚕还是不好。有点知识的人,就要想到或是地方太潮湿了,天气太寒冷了,桑叶不适于养饲,蚕室不合于构造。但是他把各种都改良了,他们蚕子还是生病,而且用他种蚕子来饲养,便有十分收成。于是想到这是蚕种上有病。他把显微镜拿来一看,果然看出病点所在。于是他可断定有病的蚕种,是无论如何不能得好收成的。这种先研究事实,然后断定结果的办法,就是归纳法。

对于自然界或人为的现象,能用这种归纳的方法去研究出来他的结果,便是科学。譬如空中闪电是天然界最常见的现象,但是中国自来的圣贤哲人,没有一个懂得这闪电的真理的。摩擦生电的事,东西的古人都已知道,但是没有拿来解释空中的电。随后伏尔塔发明用金属与酸生电之法,弗兰克林用风筝引空中的电才渐渐晓得空中的电和试验室中的电实在是一个物件。近来的电学发明过后,我们竟把电来点灯、行车、打扇、传话,几乎无所不为。那空中的电更失其神秘的特权了。但是电究竟是一个什么东西?有人说他是气,他何尝是气?如其是气,何以能用金属传导呢?有人说他是力,他也未必是力。如其是力,何以能起化学分解呢?化学方法发生的电和用机器发生的电是一是二？人力造成的电和天空中的电，又是一是二？这种问题，本来不易解决。但是现在却有几分眉目了。现在电子的学说发明，我们可以说电是一种有形质的物体。那电池中的电，和发电机中的电，与摩擦而生的电，只是一种电子在那里活动。空气中的电子，有时因为雨点关系，降下地面，上层的空气便成了阳性，上层的阳电和下层阴电相中和时，就是空气中的放电了。兄弟刚才讲这许多电的话，意思是要证明这闪电的一个最平常的事，经了中国几千年的学者未曾说明，及至科学发明以后，又经了百余年的研究，才略有眉目。可见这格物致知、读书穷理的几个字，是不容讲的；而科学的能事，也可以略见一斑。

兄弟想人类知识的进化，要经三个阶级：第一是迷信时代，对于各种事物现象，以为有鬼神主使，只是听其自然，并不知其能然。第二是经验时代，对于各种事物现象略知其因果关系，但是知其然，而不知其所以然。第三是科学时代，于各种事物现象，不惟能明其因果关系，并且明其原理与主动之所在。这三个阶级，可举一例以明之：譬如有人患疟疾，在第一阶级的人，只是求神祷鬼，再也不去求医治。第二阶级的人，便用些小柴胡汤，或金鸡拉霜去医治。他们晓得这类药可以医疟病，却不晓得是什么道理。第三级的就是现在的科学家用那实验的方法，证明疟疾是由蚊子传染的，他们便去设法剿灭蚊子，蚊子灭后，疟疾也自然没有了。

兄弟上面所讲的是科学与人类知识的关系，但是兄弟今天的题目，是科学与实业的关系。诸君或者要说兄弟讲的离题太远了。其实近世的实业无有一件不是应用科学的知识来开发天地间自然的利益的。所以说科学是实业之母。要讲求实业，不可不先讲求科学。这科学与实业的关系，若一件一件的讲起来，便同做一部发达史一样，今天断乎做不到。兄弟且把重要的关系提出几件来，和大家讨论讨论。

第一是科学与实业发生之关系。近世实业和旧时实业不同之点，是近世实业多用机械，旧时实业多用人工。因为有机械，所以用力少而成功多。从前用手纺织，一人几十天方能成布一匹。近时用机器纺织，每人一天能成布几十匹。因为这种变动，欧洲自机器发明以后，竟起了一个工业的革命，工业革命的意思，就是说新工业出现以后，从前那种师徒相传、一家同作的工业，竟无立足之地了。这种机械的发明，自然也是由科学来的。与机械连类而及的就是蒸气机关和电力发动机的发明。大家晓得机械没有原动力是不能作工的，蒸气机关和电力发动机，是供给发动力最重要的器械。一部蒸气机关，可当百千万人的力量。吴稚晖先生常说大家只晓得中国有四万万人，不晓得英国有几百万部蒸气机，比较起作工的力量来，比中国人还多着呢。其三是化学上的发明。这化学上功用，在能化腐朽为神奇，化无用为有用。近来实业属于化学的居其大半，有个最显著的例证：纽约城中人家所弃的渣滓食物，有人集了一个公司收去取油，每年纽约市政府不但省了一笔垃圾费，还得三四百万的收入呢。

第二是科学与实业进步之关系。诸君晓得中国是文明最古的国。有许多东西，几千年前已经发明了。譬如罗盘针相传是黄帝发明的,西方诸国古代的航海家,还在中国来购买此物。但是中国的罗盘针,还是从前的旧样。现在西方海船上用的罗盘针,讲究精致之极了。又如火药,也是中国发明最早,但是现在所用的火器,不是购自外国,就是仿造他们的。要和现在欧洲打仗所用的比较起来,更是天渊之别了。请问中国的工业,何以无进步?是因没有发明。何以没有发明?因为是没有科学的研究。讲到发明这件事,兄弟还记得在美国的时候,有一天到纽约图书馆的发明注册室,不觉惊叹不置。满室中所藏的,皆是美国专利特许。就美国一国而论,每年以新发明得专利权的,已不下数万。有许多的发明,实业焉得不进步呢?

　　第三是科学与实业推广之关系。一地的实业,彼此有互相的关系,本来可以逐渐扩充的。唯必先有科学,方有扩充的方法。譬如用硫铜矿作原料来造硫酸,得了硫养气体之外剩下的养化铜,用科学的研究,竟可拿来炼铜,于是乎因制造硫酸兴出炼铜工业了。又例如制碱的时候,先用食盐和硫酸造成硫酸钠,一方面得的盐酸气体,这个气体放在空中,最为有害。但是能设法把这气体收集起来,就成了盐酸工业。据英国的历史,这造盐工业、造纸工业、造漂白粉工业,竟是连汇而及的。不过科学未发明以前,有许多工业都是不可能,于是由他种工业而生的副产物,也不免于废弃于无用之地了。

　　照上面所讲的,科学与实业的关系,可以略见一斑了。但是科学家未必就是实业家,实业家也未必是科学家。要求科学与实业有关系,必须先求科学家与实业家有关系。这科学家与实业家的联系应该如何呢?据兄弟所知,外国讲求科学家与实业家的联络,有几种办法。第一,设如创办实业的就是发明科学的人,两者合而为一。这可不必论了。其次,外国的大公司,每每自己设有试验室,请了许多专门家在那里替他们研究改良实业的方法。例如美国普通电机公司、卫司特好斯电机公司、以石提满照象器具公司,皆有很大的试验室,请了许多极有名的科学家在那里研究。在常人看来,这种费用简直与实业无关。但兄弟曾亲听见他公司的经理说,这请专门家来研究改良工业的办法,是一件最有利益的事体。其三,更进一步,有许多公司简直向那边的大学校交涉,每年出费若干,在大学校中特设一科,就请大学校的先生及学生替他研究他的工业问题。有时学生的用费,也由公司贴给。若是研究的结果有了新发明,须归公司专利。照此看来,外国的科学家不但同实业家很有联络,而且实业家也很信仰科学,颇有相依为命的意思。无怪乎他们实业的进步发达,日新月异了。

我们中国现在的实业和科学的程度都还未到那种特别研究的地位。但有一件兄弟要望各位教育家、实业家注意的。现在在外国留学实业的,也渐渐多了,兄弟觉得国内的实业家和在外留学的实业学生尚欠一点联络。兄弟曾经在外国住了几年,把自己的经验略说一说。在美国大学毕业过后,再进毕业院,正是可以专门研究的时候了。但是在外国多住了几年,国内的情形便有些隔膜,不晓得要研究何种实业,回国方才能适用。由他方面看来,国内有许多企业家想办实业,却苦于无人为之计划。这两面间隔,若不联络起来,中国实业的振兴就不知要迟延几多时日。兄弟前几年就发一个议论,要在外国留学生中设立一个机关,把留学生各种专门人才调察出来,报告国内。一面国内要办实业而须相当人才的,也可以把想办的事体及各种实业情形报告国外,使留学的得据以为研究的资料。将来归国过后,就可本其所学举而措之,岂不胜于在外辛辛苦苦研究几年,回来仍是一个高等游民么?今天商学两界及科学社的朋友皆在此间,兄弟提出这个问题,请大家讨论,倘有可以尽力之处,科学社是不敢惮劳的。

　　单就实业一方面而言,兄弟觉得有几种普通心理,若不除去,也是实业的障碍。第一是求利太奢。常人的意见,以为办实业就如开金矿一样,一锄头就要挖一个金娃娃。其实业上的事情,皆是刮毛龟背,积少成多的。比如从前欧洲的生银,常合有一千二百分至两千分之一的金子。这样少量的金子,用平常方法取出来,是不合算的了。但是用电气分解的法子,这一千分之一,便足敷用费。还有几百分之一,可作利息。这提金的事,也居然成了一种工业。可见实业只要可以获利,并不在利厚。现在中国的利息太高,正是实业不发达的原故,不可狃以为常的。第二是求效太速。常人的意见,今天拿资本去经营实业,明天就要他见效。其实越是远大的事体,见效越迟。德人从前的人造颜料公司,费了四十万马克,请了许多化学家研究了二十年,才能造成,成功之后,就能垄断世界的市场,岂是区区计较朝夕之利所能做得到的吗?第三是不能持久。凡人创办一种事,难有不经挫折立刻成功的。唯挫折之后,重张旗鼓,再接再励方能转败为成。若一有失败,便心灰意懒,不复前进,那就终于失败了。兄弟曾听说南通张季直先生初办大生纱厂的时候,折了本没钱过年,跑在上海去作秦庭之哭,方才敢回南通。现在可成了中国的实业大家了。兄弟在科仑比亚的时候,有一位先生来讲演,手中拿了一个玻璃瓶,装了半瓶石炭酸。有人去看他的瓶子,他说莫摸,我这瓶药水花了两百万金元的。可见他们把这一二百万的失败,看得并不着重。

兄弟的话讲多了,现在请说几句总结的话。兄弟不信儒家的话说,甚么"正其谊不谋其利,明其道不计其功"。兄弟以为现今的社会上应该有个"利"字的位置。但是兄弟所说的"利"字,是从天然界争来,把无用的物质变成有用,无价值的东西变成有价值。不是把你囊中的钱抢来放我的囊中,算为生利。我们中国,现在的大患,岂不是抬包袱打起发,把人家的钱拿来放在自己包中,便为发财么?其实弄来弄去,钱财既不加多,生产愈形消耗,社会焉得不贫苦呢?所以兄弟今日的希望,就是学界中人越是多讲点学问,实业界中的人越是多办点实业。真正的兴点利益,使那一般抬包袱打起发的朋友,也通通来做这生利的事业,我们中国的事情就渐渐有希望了。

载于《科学》,1920年第5卷第6期

科学与近世文化

"科学与近世文化",这个题目是近人时常讲的。①我今天开讲之前,先有两个申明。第一,这个讲演,是本年科学社讲演的总冒,所以不免普通一些。第二,我所讲的近世文化,并不包括东方文化在内,因为我们承认东方文化发生甚古,不属于近代的。那吗,我们所讲的是西方文艺复兴以后发生的文化了。近人对于这种文化,至少有几个普通观念。一说近世文化是物质的,譬如从前人乘骡车、马车,今人乘火车、电车,从前人点菜油灯,今人点电灯之类。一说近世文化是权力的,例如征服天然、驱水使电、列强相争、弱肉强食之类皆是。一说近世文化是进步的,例如机械发明日新月异,学术思想变动不居,从前几千年的进步,比不上近世几十年的多。这几种意思,我们承认他都可以代表近世文化的一部分,但是不能说可以总括近世文化的全体。要一个总括全体的说话,我们不如说近世的文化是科

---

① 看《科学》第四卷第三期麦翟科弗教授(Prof. Metcalf)在欧柏林大学讲演及黄昌毂君近出之《科学概说》。

学的。诸君注意,我说近世的文化是科学的,和近人所说近世文化的特采是科学发明、科学方法等等有点不同。因为前者是说近代人的生活,无论是思想、行动、社会组织,都含有一个科学在内,后者是说科学的存在和科学的结果,足以影响近代人生活的一部分罢了。

我们现在要说什么是文化。文化和文明少许有点不同。我很喜欢梁漱溟先生说的"文化是人类生活的样子,文明是人类生活的成绩"①。不过吾想单说人类生活的样子,还不能尽"文化"两个字的含义,我的意思,要加入"人类生活的态度"的几个字,来包举思想一方面的情形,文化两个字的意思才得完备。照这样说来,文化有种类和程度的差别,但是没有绝对的标准。我们可以说某种人的文化是甚么样,程度是甚么样,但是不能说某种是文明人,某种是野蛮人,因为照我们上面所说的文化的定义,是讲不通的。但是我们提出近世文化,我们的意思却很明白的确,因为近世人生活的样子和对事物的态度是很明白的确的。近世的文化和近世以前的文化,是极有分别,极容易看得出来的。所以我想把一切文明野蛮的话头打扫净尽,再来观察近世的文化。

说到近世与前代分界的所在,我们晓得欧洲史上有一个极重要的时代,就是文艺复兴时代。文艺复兴这个字,英文是Renaissance,本来是"复生"的意思。欧洲的文化,在中古时代,简

---

①见梁漱溟著的《东西文化及其哲学》。

单没有甚么可言,所以历史家又叫中古时代是黑暗时代。到了十三世纪的时候,为了种种的原因,那黑暗沉沉的中古人心,忽然苏醒过来,文学、美术、宗教、政治都先后起了一个大改革,开了一个新面目。科学的复兴,也就是文艺复兴的一个结果。但是别的改革和开创,自然也影响近世人的生活,并且为生活的一部分,可是终没有科学的影响和关系于近世人生的那么大。这有个原故。这个原故,就是科学的影响,完全在思想上;科学的根据,完全在事实上;科学的方法,可以应用到无穷无尽上。有了这几层原因,我们说近世文化都是科学的,都是科学造成的,大约也不是过甚之言。

近世的文化,可谓复杂极了,要举出几件来证明科学和他们的关系可不容易,并且不免有挂一漏万之讥。但我们可以把中世纪的思想和研究学问的方法,举一两件和近世的比较,科学和近世文化的关系,就愈加显明了。

第一,中世纪的人,相信上帝创造宇宙事物,都有一定的计划,人在宇宙间,也是计划的一部分,所以有的生而为王公,也有的生而为奴仆,都是天命有定,人对于己身的地位,是不负责任的。因为这样,当时的人心,都归向宗教,只想求死后天堂的快乐。生前的痛苦,他们略不在意。打破这样的宇宙观,最有力量的,是哥白尼(Copernicus)的地动说。哥白尼的地动说,在当时出现,有两种意思。第一,表示当时的人心,对于宗教上地为中心的说法,已敢于起怀疑的念头。第二,地动说的最后胜利,是科学战胜宗教的起点。那已经动摇的人心,得了这种自信力,自然愈趋于开放与自由方面了。

第二,中世纪的时候,学术界所崇奉为宗主的,只有两部书,一是《圣经》,一是亚里士多德的哲学。亚里士多德的书,未经文艺复兴以前,还是从阿剌伯文翻到拉丁,残缺不完和晦乱羼杂的弊病是不可免的。当时的学者,正要利用他的残缺晦乱,来造成一种纠绕诡辩的学问。后来文艺复兴,学者都讲究读希腊原文,又竭力去搜求遗稿,亚里士多德及许多希腊、罗马的学术,才渐渐彰明起来。还有一层尤为重要的,中世纪的学者,凡研究什么学问,都是根据书本,绝不去研究实物。比如说到一个动物,他们只说《圣经》上是怎样怎样,却不想《圣经》上说的在千百年前的帕勒斯坦(Palestine),他们所说的与当时的欧洲,时间和地域都不同,何以见得可以引证? 当时有个首出的科学大家,叫罗皆·培根(Roger Bacon,1214—1294),最反对这种研究法。他说:"研究一天的天然物,胜读十年的希腊书。"又说:"我们不可尽信所闻所读的。反之,我们的义务,在以最仔细的心思,来考察古人的意见,庶几于其缺者补之,误者正之,但不必粗心傲慢就好了。"罗皆·培根虽然这样的主张和实行,但当时的人还不肯听信他。后来哥白尼的地动说,也是用这种方法的结果。哥白尼写信给他的朋友,说他的地动说成立的经过,历了五个阶级。这五个阶级是:

1. 对于陀伦密(Ptolemy)旧说的不满意。
2. 搜索所有的书籍,看有没比他更好的学说。
3. 自己研究的结果,成立了一个地动的假说。

4. 用种种观察来证明这假说的对不对,对了才承认他成一个学说。

5. 用这新学说,把从前晓得的许多事实都联贯起来,成有条理有统系的知识。

这个方法,就是现在所说的科学方法。但当时的人,如像罗皆·培根、哥白尼、盖理略(Galileo)等,虽是用了这种方法,研究天然界的现象,已经有了许多贡献,他们不过是自辟蹊径,各行其是,到了弗兰西斯·培根(Francis Bacon,1561—1626)才大声疾呼,主张两个根本的重要观念。一个是征服天然,一个是归纳方法。他说:"知识即权力。"又说:"人类的责任,是要把他的权力推广扩大到天然界上去,在天然界上建一个新国家。"又说:"要征服天然必须先服从天然,就是用科学的方法,发明天然的律令。"他又把当时的学问分成三类,一是奇术(Fantastic learning),二是辩论(Contentious learning),三是文采(Delicate learning)。他说这三类都不是学问的正当方法,都不能得真知识。要得真知识,只有一个方法,就是用归纳方法。归纳的方法,简言之,是用事实作根据,推出一个通则,再用观察和试验证明那通则的不错,这就是科学方法的大概。现在科学的门类虽多,研究的方法,总不出这个范围。培根这种主张,算是给科学一个很好的基础。所以培根自己虽然不是科学家,我们说到科学的创造者,总要数他呢。

上面所说的,是科学的一点起源,就是对于文艺复兴这个时代,我们觉得有两个意思。一个是科学的发生,或者说是复兴;一个是近代和古代的分界。这两件事情并不是偶然遇合的,是有第一件才有第二件的。我们现在要看科学与近世文化的关系是怎么样。

前面已经说过,"文化"这两个字是空洞的,就是我们说什么物质的文化、精神的文化也是空洞的。所以我们要谈近世文化,最好拿几件具体的事体来说。玛尔芬(Marvin)说得好:有三件东西最足以表示人类的进步。一是知识,二是权力,三是组织。①我们现在就拿这三样来看科学有什么关系。

第一讲到知识,我们晓得现代的知识,不但是范围比较的广,就是他的性质,也比较的精确些。现在很平常的事理,如像蒸气的应用,电力的制造,生物的演进,疾病的传染,都非中世纪以前的人所能梦见,固不消说了。就是古时圣哲所发明,历代学者所传述,如希腊人的物质起源论,中国人的五行生克说等,虽是沿习多年,并且用作说明一切事理的根据,但是照现在看来,还是不算知识。我们拿现在的化学上所发见的八十余元素,和希腊人的水、火、气、土四元质相比较,自然看得出他的笼统不精。拿现在化学上物质的变化分合和物理学上因果相生的定律,和中国人的五行旧说相比较,才晓得他的糊涂无理。这是因为甚么?因为有了科学而后我们的知识得了两个试金石,要经得这试验的,我们才承认他是知识,所以那些不够成色的,都立不住脚了。我所说的试金石,一个是根据事实,一个是

①Marvin, *The Livng Past*.

明白关系。希腊人说什么东西都是由水,或火或气或土变成的,但是我们晓得他并非事实。在炼金化学(Alchemy)的时代,大家都信水可变土,但是我们晓得并非事实。我们晓得他不是事实,也是从实验得来的。讲到关系一方面,我想许多迷信都是由不明白关系发生。比如我们说"础润而雨",我们晓得础润并不是雨的原因,不过因为雨还未降以前,湿气先在础石上凝聚了,所以有润的现象。照这样说来,础润虽不是雨的原因,却也可做一个雨的先兆,因为他中间是有共同的关系的。但是信那风水五行的说法,说祖坟葬得好,后人就会发迹,京城多开一个城门,天下就有兵乱,请问那关系在什么地方呢?科学的贡献,就是把事实来代替理想,把理性来代替迷信,那知识的进步,也正是从这点得来的。

第二,讲到权力,自然是就我们所能驾驭的力量和那力量所及的远近而言。历史家说石器时代的人能掷石子在几丈外的地方去击杀野兽,他的文化已经比石器时代以前的人高了许多,因为他的权力,已经远到几丈外了。照这样看来,近代人的权力,比从前的人大的地方,至少有几处。一为征服天然,最显著的例就是距离的缩短。我们古人看了长江,就说"固天所以限南北",现在轮船火车到处通行,就是重海连山,也不能隔人类的往来了。再则,物产的增加,因为机器的应用和天然障害的战胜,也是近世的一种特别现象。如1810到1862五十年间,世界上煤的产额,由每年九百万吨增到一万四千万吨。由1850到1882三十二年间,世界上铁的产额,由每年四百万吨增到两千万吨。又由 1830 到 1880 五十年间,欧美的商务,增加了八百倍。①这都是前四五十年的统计,到近年来,增加的数目必定更要大了。再次,则各种病菌的发明,人类生命的延长,也是征服天然的一个好例。由 1851 年到 1900 年英国人的平均寿数由二十六岁零五六增到二十八岁零九,美国人的寿数由二十三岁零一增到二十六岁零三三,我们战胜天然的权力,不是可惊吗?又不但战胜天然,我们并且能补天然的不足。再举两件事为例。我们平常所希望不到的,不是插翅而飞和长生不老的两件事吗?不晓得到了 1896 年,美国的蓝格列(Langley)竟在华盛顿颇陀玛克(Potomac)河上,用机械的力量,把一个比空气重一千倍的飞机飞升起来,从此空中的飞行就逐渐进步,现在竟成了普通的交通事业了。返老还童的问题,据最近奥国医士斯坦那黑(Steinlach)的报告,也从生理学上,寻出了可能的方法,并且屡试有效。我们这种权力,岂不是自有人类以来所未曾有的吗?但是这些权力,都是由知识的组织和应用得来,自然又是科学的产物。

第三要说社会组织。我们晓得近代的社会,除了组织复杂,远非从前所可比拟之外,还有几个特采,是我们不能不注意的。一是平民的特采,就是所谓德谟克拉西。这平民的倾向,有两个意思:一是政治上独裁政制的推倒,与参政权的普及;二是社会上机会的均等和阶级制度的打消。这两个意思的发生,一

---

①Seignobos, *History of Contemporary Civilization*.

方面因为机器的发明,生了工业革命,又因工业革命过后,物产增加,一般的人有了产业和劳力,自然发生了权利的要求;一方面也因近代的人心,趋于合理的;对于天然的势力,尚且不肯贸然服从,要求一个征服的方法,对于人为的组织,自然也有一个合理的解决,那些"天赋君权"的说话,自然不能管束他们了。弗兰克令(Franklin)的墓志说他"一只手由自然界抢来了电力,一只手由君主抢来了威权",最能表明这一种意思。可见平民主义和科学是直接间接都有关系的。第二个特采,是他范围的广大。从前的社会组织,仅限一地一域或少数人的,现在的组织,不但非一地一域,就是国界种界,也不能限制了。如像近来各种团体的国际组织,各种主义的世界同盟,都是大组织的表示。这有几个原因:一是交通进步,空间时间的距离比从前缩小了好些。二因各处的生活有趋于一致的倾向,因此他们的问题也有些大同小异。三因学术经验的证明,知大组织的利便与可能。这三种原因,又是大半和科学有关系的。第三个特采,是效率的讲求。我们晓得近世工业的组织和机器的应用,是要用力少而成功多。以少量的用力,得多量的结果,就是高的效率,反之,效率就低了。这种讲求效率的意思,不但用在工业上,就是社会上一切组织,也都是这个意思所贯注。大概做到这一步的,我们说他是新组织,不然事业虽新,组织还是旧的罢了。但是一件事业效率的高低,非从那件事业极小的部分加以研究不会明白。这种分析研究的方法,也就是科学方法。所以现在有所谓科学的工场管理法,就是这种特采结晶了。

我们现在把上面所讲的总结起来,在知识、权力、组织这三方面,近代的进步,都比较从前最为显著、最为特别,那么,我们就说这三种进步是近世文化的表现,可不可呢?又因为这三种进步都是科学直接的产物或间接的影响,我们若是拿他们来代表近世文化,我们要说明的科学和近世文化的关系,是不是可算做到了呢?我对于这些问题的答案是:我们上面所说的知识、权力、组织都是生活的样子,我们还有一个生活的态度。生活的态度,是我们对物的主要观念和作事的动机。我们晓得科学的精神,是求真理。真理的作用,是要引导人类向美善方面行去。我们的人生态度,果然能做到这一步吗?我们现在不必替科学邀过情之誉,也不必对于人类前途过抱悲观,我们可以说科学在人生态度的影响,是事事要求一个合理的。这用理性来发明自然的秘奥,来领导人生的行为,来规定人类的关系,是近世文化的特采,也是科学的最大的贡献与价值。

再有一些人说近代的文化是权力的文化、竞争的文化,所以弄到前几年的世界大战争。科学既是近世文化的根源,也应该负这个责任。对于这个非难,我们可以引法国大医学家巴士台(Pasteur)在他的巴士台学社开幕时候的一段演说来解释,也就作我这次讲演的结论。他说:

眼前有两个律令在那里争为雄长,一个是血和死的律令,他的破坏方法,层出不穷,使多少国家常常预备着在战场上相见;其他一个是和平、工作、健康的律令,他那救苦去痛的方法,也层出不穷。

一个所求的是强力的征服,一个所求的是人类的拯救。后者看见一个人的生命,比甚么战胜还重大,前者牺牲了千万人的性命,去满足一个人的野心。我们奉行的律令,是后一个,就在这杀人如麻的时代,还希望对于那前一个律令的罪恶,略加补救。我们用了防腐的药,不晓得救活了多少受伤的人。这两个律令中那一个能得最后胜利,除了上帝无人知道;但是我们可以说,法国的科学是服从人道的律令,要推广生命的领域的。

"服从人道的法律令,推广生命的领域",不只法国的科学是这样,世界真正的科学是无不这样的。

载于《科学》,1922年第7卷第7期

科学与国防

几天前,我看见一月二十日英国出版的《自然界》周刊,谈到他们科学工业研究部的工作和它与英国工业的关系,使我回想到二十年前欧洲大战时各国为生存而竞争,朝野上下一致努力的情形。又使我感到立国于现今的世界,如要不怕强邻暴敌随时发生的侵陵压迫,除非平时自身有充分根本的准备。所谓"根本的准备",除了直接有关联的政治经济问题而外,便是科学和工业的研究。

当一九一五年欧洲大战正在打得起劲的时候,英国有名的皇家学会和别的几个科学及工程学会联合向政府上了一个条陈,请政府设法帮助科学与工业的研究。政府依据了这个请求,便设立了一个参议委员会,并请了许多科学家和工业家来充顾问。这个委员会的职责是:(一)对于政府各部的科学事业或科学研究尽辅助指导之责;(二)与各科学机关及工业家合作,谋科学对于工业之实际应用;(三)辅助教育当局设法造就有能力之学者,以增进科学研究的工作。

这样一个组织，似乎不过是平时发展工业学术应有的计划，不见得有什么应付国难的色彩在内。然而根据科学工业研究部的报告，则知这个委员会对国防的贡献甚为重要。它的办法是这样：自一九一七年，它得到国会通过的一百万镑的经费，便用了一大部分去组织国内的工厂，使凡是同业的都联合起来成立一个研究所。这样参加组织的工厂不下五千家，他们捐出来做研究的经费也有一百七十余万镑。他们研究所及，由制毛、纺棉，以至冶铁、合金，无不有显著的成绩。据他们的报告说，在蓝开色地方的一个研究所，每年因研究而得到的利益，不下三十万镑。又关于地下电线的导热度，经过一度研究之后，可省电线约值四百万镑。这个科学工业研究部在它国内所发生的影响，可以概见了。

像这样一类的组织，不是英国独有，凡在欧战时参加战争的国家差不多都是有的。如像美国的国家研究参议会（National Research Council）就是一例。我们的东邻日本也有同样的组织。这种组织，虽然是因为应付欧战的特别局面而发生，但从欧战完结以至现在，大半还依然存在。其所以存在的理由，便是因为：（一）现今的工业，已经与科学有不能暂离的关系。在和平时代，奖励科学研究，是改进工业最有效的方法。（二）现今的军备，又与工业有不能分离的关系。所以有事时有效的组织，无事时仍有保存的必要。

目下的中国，提倡科学的声浪，虽然是甚嚣尘上，但科学是什么，恐怕还没有真正的了解。平时对于科学既没有设法与它熟识、交结,临时有事的时候,要想它来替我们解危救难,当然是不可能的。我们听见某次的战事,有人送了几架新式望远镜与作战的军队而不能用,反不如我们小说传记式的大刀队,还可以大大的出一个风头。不过,此后的战争,如限于对内则已;如不限于对内,则必定为科学的战争,而非人与人的战争,可以断言。在这个时候,除非我们对于科学有相当的认识,将来断难有翻身的希望。所谓相当的认识,单简说来,有下列两点:

一、科学不是器械。在五六十年前,曾国藩李鸿章的时代,以为西方强国的本领,不过在他们的船坚炮利。于是他们设制造局、造船厂,要想在船、炮几件器械身上找到救亡图存的秘诀。这个观念的错误,甲午一役把它暴露无遗了。此次国难发生,经过几次强寇的侵陵,使我们充分了解飞机炸弹的重要,于是又全国一致的以购买飞机为救亡之道了。其实飞机在作战上虽属重要,但它的不能代表科学,也正如坚船利炮不能代表科学一样。我们在五十年前忽略了根本的科学而抓住机械的船炮,终于弄到一蹶不振的结果,现在我们又专心注意于飞机,而忘记了根本的科学,其结果能比五十年前好些吗?

二、科学不是语言。十年前,我曾到长沙去调查过教育,颇怪长沙城内私立中小学校的众多。当时有人告诉我,这是因为甲午败后,爱国志士要救国的便去办一个学校。此次国难发生,国内忽然添出了无数的大小杂志,使我感觉到目前爱国志士要救国的便是去办一个报。这在国难当前,人情激昂的时候,本来是应有的现象。不过这个风气,若是波及到科学事业上去,那便是不幸之至。我们晓得,科学应该脚踏实地,做一分算一分的。若是科学家一天到晚,忙着写文章,闹什么"化"的运动,把杂志讲台上的口号,当作真正的科学事业,那便非徒无益而又害之了。以上的几句话,虽不足概括一班科学家的态度,至少可以表示我们一部分当局者对于科学的了解到什么程度。

根据以上两个认识,我们可以试谈一下国防与科学的关系。

第一,国防的基本,应注重于重要的基础工业。现代军备与工业,已成不可分离的连锁。这由于:(一)军器的原料,都非各种工业产品或副产品不能供给。如钢铁,如酸碱,其本身固是重要工业,而炸药原料的煤膏,则为煤气工业的副产物。(二)军械的制造,须精细的机器与大量的出产,这两样也与近代工业是一致的;换一句话说,军备工业,不过是近代工业的一种。所以只要国内工业发达,不愁军备无法供给。反之,如无各种工业的帮助,要想军备的独立,是不可能的。

第二,要求工业的发达,其第一步骤就是提倡科学研究。近人每每说,我们要办的工业,都是有成法可循的,似乎用不着特别研究。不知天下没有完全相同的两个情形,也没有可以完全抄袭的便宜事体。同样的工业,因为原料或环境的些微不同,往往有改变方法的必要。在这个情形之下,设如没有科学研究来做一个顾问,那便除了失败之外再无其他出路。何况许多新工业,都是从科学研究室发生出来的呢!

第三,提倡研究,应当把研究的责任分赋于各个大工厂或大学之中，不必甚么都由几个政府机关包办。我们这种主张的理由很单简。(一)政府机关，自其性质上即与一般工业情形相隔阂，实际上工业的问题，自然不容易钻到他们的研究室去。(二)政府机关的效率，往往不及私人组织，研究事业当然也不是例外。(三)因私人组织之研究事业，近来还不十分发达，愈有加以提倡的必要。

  国难迫急，我们应付的方案也风起云涌。但一个方案的重要，不在乎收效的迅速，而在乎眼光的远大。传云："君子务知大者远者。"我们能有像英国科学工业研究部和美国国家研究参议会那样一个远大计划吗？

载于《大公报》，1934 年 3 月 18 日

科学与社会

无论从那方面说起,科学在现世界中,是一个决定社会命运的大力量。因此,在这次大战以后,重待建设的世界中,科学与社会常常成为讨论的问题。据我们所知道的,关于这个问题的讨论,可以两种方式代表:一是此后的世界问题是不是专靠科学所能解决？二是此后的科学与社会应有什么样的关系？本文拟就此两方面加以讨论。

关于第一个问题,我们可以洛克裴尔基金会董事长福斯狄克(Raymond B. Fosdick)的言论作代表。在1947年洛氏基金会的报告中,福斯狄克有以下几段话:

> 眼前的危机,是西方社会所曾经遭遇到的最严重的一个,我们一直知道知识的获得是危险的,因为它可以被用于错误的方向。但现代人们手中的知识是那样容易被误用——而且一经误用,就很容易把人类的希望和建设化为灰烬——故此挑战的冲击,使我们

迷惑、恐惧、茫然不知所措。

目下的时期所以成为严重，正如汤比(Toynbee)教授所说的，将依了反应的性质而定我们生存的机运。过去的历史充满了国族和帝国残滓，是因为它们仅靠了物质的力量来适应他们当时的危机。我们眼前的反应，不能限于下层的力量。除非我们能真正伟大，把答案抬高放在智慧与道德的平面上，我们的命运不但将与历史上归于毁灭的国族相似，并将与一切生物种族，不论是鸟类或恐龙，专恃凶恶方法或自卫武器的同其运命。

要把我们的答案放在研究人类较高的平面上有一个困难，是我们美国人常把提高生活程度这件事看得太重。在这方面，我们是无比的成功的。我们的生产力及消费力比世界上任何国家都大。其结果，是我们的标准偏重于量的一方面。我们所有的一切比任何人都多——汽车、冰箱、无线电、铁路。从而我们理想中的世界，不是一个住满了聪明正直人类的世界，而是一个每家有汽车、每厨有鸡肉的世界。我们太容易假定物质生活弄好了，其他的价值会天然的跟着来。从我们的机器及工厂的装置线上会自然发生美满的生命。

另外一个困难，是我们对于物质科学的迷信。它们神圣不可侵犯，它们是生命的配给者。"科学能孕育伟大光明的文化"是到处奉为金科玉律的格言。即我们的大学也拜倒在二十世纪的方法崇拜之下,这些方法即是使物质世界的管制成为可能的。——不消说,对于人文及社会科学,他们常常与以应得的尊敬。但事实告诉我们,在基金上、研究设备上及教授的地位上,人文与社会科学远不及物质科学的优越,而且这裂痕还天天在扩大。

这裂痕是应该减小,不应该扩大的。在这科学时代,我们免不了了解科学的责任,但我们所面对的最高问题,不是化学、物理、工程所能给我们答案的。它们在伦理上是中性的。——它们能给我们更多的马力,但只有呆子会说马力能发展一种方法使脱缰的技术受到统制。它们能帮助更多的人类得到康健与长寿,但它们很难发见新的人生目的,或人与人关系的艺术,或帮助获得和平与成功的政府所需要的社会道德。

我们眼前的问题与人类命运,不能在物质方面解决,而必须在道德上与社会平面上决定。物质的力量与金钱兵力的优势,可以维持我们于一时,但我们社会上爆发性的紧张,只有靠了道德及社会的智慧方有解除的希望;而这种智慧,非试验管所能沉淀出来,也不是原子物理学的灿烂方法所能得到的。

以上所引福斯狄克的话,固然只是一人的言论,但我们深信它能代表许多忧深虑远的意见。记得第一次世界大战之后,人们对于西洋的科学文明起了疑问,也发表了不少同样的意见。其中的一个代表,直到现在还新鲜在人记忆中的,要算理朋主教(Bishop Ripon)的说教。他说,尽管人类对于克制他的环境有过远大的胜利,我们对于人类的前途仍感到极度不安,因为人类尚不知怎样克制自己。他以为科学家在庞大数目的发见中已失掉了方向的感觉,因此需要一个支配的哲学——人格。他甚至提议停止科学研究十年,以便人们用他的力量来发见人生的意义。当时东方的学者更有不少的人发出"西方文明破产要待东方文化来解救"的呼声。(据我们所记得的,梁任公就是一个。)不过呼吁尽管热烈,世界的情形甚少改变,经过二十年之后,第二次世界大战发生了。而且第二次大战结束不久,第三次大战的新恐惧又笼罩着疮痍未复的世界。由此看来,福斯狄克的说话,不过是旧调重弹,没有什么新的意义。但因此问题关系重大,我们不妨检讨一下。

福斯狄克君诊断眼前世界的危机,一是由于我们(特别是美国人)过分看重物质生活,一是由于我们过于迷信物质科学。但物质生活的增进,是由于科学研究的结果,所以我们可以说福氏所着重的还是科学这一点。关于第一点,我们没有多少讨论的地方。"人不能单靠面包而生活",是凡稍有文化的民族所共具的信条。设于物质生活之外,不能发见较高的活动与信仰,人生还有什么意义?况且物质生活的追求,常常是一切竞争的起源。福氏所说"每家有汽车、每厨有鸡肉"的目的,即使靠了科学的进步而达到了,我想人们的希望又将为"每家有飞车、每厨有火鸡"了。这样,人与人、国与国之间,便免不了争夺相杀的惨剧。所以偏重物质生活的结果,既足以制造乱源,更不能成为人生的目的。

说到科学——特别指物质科学,就不能与物质生活同日而语,这是我们与福斯狄克君分歧的出发点。物质科学是物质的研究,但它本身不是物质。物质生活是物质平面的事,科学研究——不论他研究的是什么——却是智慧或道德平面的事。要说明这一点,不须繁征博引,我们只要记得研究科学的最高目的,并不在追求物质享受,而在追求真理。为了追求真理,科学家不但不暇顾及身体的享乐,甚至连性命安全也可以置之度外。发明磁电的法拉第拒绝某公司顾问的聘请,说"我没有时间去赚钱"。哥白尼与盖理略冒了当时教会火刑的迫害,发明太阳中心说与地动说的真理。其他为了发明真理而履危蹈险、艰苦卓绝的科学家,更不胜枚举。所以福氏所说物质的弊害,与真正的科学如风马牛之不相及,而除了最高的智慧与道德的平面,我们也无处位置这一班科学大师。

所可惜的,像这样高尚纯洁的科学家每每不为当时所认识,而他们的求真探理的精神,又往往为科学应用的辉煌结果所掩蔽,于是物质的弊害都成了科学的罪状。其实我们要挽救物质的危机,不但不应该停止研究,而且应当增加科学并发挥科学的真精神。我们试想,设如欧西人民都受了科学的洗礼,有了求真的精神,希特勒、莫索里尼等愚民的政策将无所施其技。我们也明白现今独裁的国家,何以要靠了隔离与宣传的作用来维持他们的政权。如其我们说科学愈发达,致世界战争愈剧烈,我们也可以说科学到了真正发达的时候,战争将归于消灭。这不是因为科学愈发达,大家势均力敌,不敢先于发难;而是因为知识愈增进,则见理愈明了,少数政客无所施其愚弄人民的伎俩而逞野心。战前的日本人民如其有充分的世界知识,也许不至发动侵华军事,造成世界的大劫运。我们以为"力的政治"不能达到消弭战争的目的,唯有诉诸人类的理智,方能使战争减少或消灭。而研究科学实为养成理智的最好方法。

因此,我们以为福斯狄克所说"迷信物质科学为解救当前世界危机的困难之一",为不了解科学真义之言。福氏所谓物质科学,当系指工程技术(Technology)而言。工程技术是应用科学的发明以谋增进人类的健康与快乐为目的的。这与纯理科学之以追求真理为目的相比较,已有卑之无甚高论之感。然即这个卑之无甚高论的主张,也不见得与人生目的有何冲突。唯有把工程技术用到毁灭人类的战争上,它才与人类的前途背道而驰。然这个责任,似乎不应该由科学家来担负。

其次,我们要讲科学与社会应该有什么关系的问题。这个问题也是第一次世界大战后才为人所注意;尤其是英国的科学促进会(The British Association for the Advancement of Science)在1938年曾组织科学与社会关系组(Section On Science and its Relation to Society),专事研究这一问题。科学联盟国际评议会

(International Council of Scientific Unions)也有一个科学与社会关系委员会(Committee on Science and its Social Relations),本年六月在巴黎的联教大楼开会,通过了几项工作计划及科学家应行共守的宪章纲要,征求世界科学家的同意(见《科学》第30卷第9期278页)。此外关于发表此问题的中外文字都不在少数。这可见这个问题的重要性,也可以说这是科学家最近的一种自觉。

科学与社会的关系,自有科学以来即已存在,何以直到最近几十年此问题才被人注意?这是因为:(一)当科学方在萌芽,即盖理略、牛顿的时代,探求真理的倾向,过于利用厚生的作用,故其影响还不十分显著。(二)即在后来瓦特、喀尔文、马可尼时代,科学应用渐渐把工业及日常生活改变了,但其影响是属于进步的建设性的。其结果是增加了人们的乐观主义,无须怀疑到科学的利害问题。唯有到了二十世纪以后,西方的帝国主义已扩张势力到短兵相接的程度,社会上财富增加,阶级组织日益繁复,于是战争、经济恐慌等现象接踵而起。在这些生存竞争的过程中,科学都占了一个重要地位。科学家在这个时候,才回过头来检讨一下科学与社会的关系,不消说是当然,我们还不免有来何晚也之感。

要检讨科学与社会的关系,我们以为可从四方面加以观察。即:

(1)科学发明所发生的社会影响是什么?

(2)科学发明是否有益的用于社会?

(3)科学发明的利益是否普遍地造福人群,或仅为少数人所独占?

(4)社会组织是否合于科学的发展?

以上四个问题,详细讨论将为此文篇幅所不许,我们只好单简地说说。关于第一个问题,我们要指出:科学发明所生的社会影响,属于理论的要比属于应用的为大且远。人们只知道飞机与无线电怎样变更了社会组织,但不要忘记了地动说与天演说怎样改变了我们的世界观与人生观。没有后者的改变,由中世纪进入近世纪将为不可能。科学家追求真理,不可松懈,更无所用其恐惧。关于第二个问题,我们得承认:科学发明在道德上是中性的,它们可以用来福利人群,也可以用来毁灭人类。最近的原子能发明是一个例。原子核武器,此刻正威胁人类文明的前途,但如应用在建设方面,将来可增加人类的幸福将不可以量计。毒菌的发明也可以作如是观;因为毒菌用来作战虽然可怕,但研究毒菌使人类疾苦得到救治已经不少了。关于第三个问题,我们以为与其说是属于科学的,不如说是属于社会的更为确当。科学发明无论如何重要,只是一种原理,一种方法。要用来造福人群,还须经过社会组织的一个阶段。社会组织如其良好,受到科学利益的必然众多;反之,如其社会组织不良,科学上有利的发明,可能为少数人所独占或垄断。这在现代工业社会中是数见不鲜的事。我们要免除此种弊病,有两条路可走:一是科学家停止发明,这是反进步的办法,当然不可能;一是改良社会组织,这是可能的,但这权力不一定在科学家手里。眼前的问题是：科学家在这种情形之下，他的态度应该怎样？这个问题的答案关系很大，似乎不容易置答。不过我们不要忘记，科学是这一切问题的原动力。科学家既握有此种原动力在手中，只要善为利用，不怕社会不向善的方向前进！

最后一个问题，即社会组织是否合于科学发展的问题，可以说是社会对于科学的关系。追溯科学发展的历史，其初只是少数自然哲学家依着自己的兴趣，凭了新起的实验方法，向天然界探索秘奥。他们既不受社会的重视，也没有社会的目的。这可以说是科学的个人主义时代。但就在这个时代中，把科学的根基打下了。至十六世纪以后，科学的统系渐渐成立，科学的重要也渐渐为社会所承认，于是在学校中、学社中、私人团体中，乃至政府机关中，都渐渐有科学研究的组织。这到十九世纪末以至二十世纪初年为止，可以说是科学的团体运动时代。在这个时代中，科学的研究机会固然加多，个人的天才发挥亦称尽致，故科学的成就尤为辉煌可观。及至二十世纪开始以后，经过两次世界大战，科学的重要性愈加明显；同时因为科学的研究已到了精深博大的境界，所需要的研究设备又极其错综复杂，使所谓个人主义或团体运动的研究，几有望尘莫及之感。于是重视科学的国家，都拨出巨款，特设机构，来担负研究科学的责任。这可以说科学的国家主义时代。国家用全力来发展科学，科学的进展固然愈可预期。但我们不要忘记科学的国家主义，和其他国家主义一样，将不免狭隘、偏私、急功近利等种种毛病，这和科学的求真目的既不相容，与大道为公、为世界人类求进步的原则亦复背驰。所以我们以为在计划科学成了流行政策的今日,私立学术团体及研究机关,有其重要的地位,因为它们可以保存一点自由空气,发展学术的天才。

卅七,九,一五

载于《科学》,1948 年第 30 卷第 11 期

[第二编]

科学概论

第二集

小説수필

科学概论

序

倘若我们向一个朋友问他"科学概论"讲的是什么东西,我们一定得找一些千差万别的答案。有的一定说科学概论讲的是科学的根本问题;有的或者说科学概论讲的是科学发达的大概;再有的还要说科学概论讲的是科学与其他学术或社会问题的关系。这些主张,我们觉得都不能代表科学概论的全部,但同时也不能说他不对,因为"概论"这两个字,原来是无所不包的呵。

我们晓得概论这一类的著作,无论在那一门学科里面,都在那一种学问十分发达以后,才有成功的可能。所以法学在近代学术中要算很发达的了,于是有法学通论一类的著作;文学也是近代最发达的一种学科,于是我们有文学通论一类的著作。科学在西方学术中间本来是后起之秀。在他初生的时候,他只是"自然哲学",做哲学界的一个附庸。后来他同哲学分离了,各自向新领土去发展;但因这新领土的广大与新奇,科学家的注意完全被新发展的事业占领去了,从来没有一些闲暇时间去做这回顾与鸟瞰的勾当。所以科学的发达,在近百年来,可以说比什么学术都要猛厉,但是像法学概论或文学概论一类的科学概论著作,还是不曾出现。近来偶有几部此类的书,如 Henri Poincaré 的 *Foundation of Science*,Karl Pearson 的 *The Grammar of Science*,以至于 J. A. Thomson 的 *Outline of Science*(《科学大纲》),不是失之过于高深,就是偏于陈述事实。这固然是目的不同,言各有当,但是要用来了解科学的大意,恐怕还不是最适当的著作——至少在现在的中国是这样的。

科学界著述的情形既是如此,然则我们此时要著一部科学概论,不太失之早计吗?这个话我觉得也未必然。我们现在所要的科学概论,有两个目的:(一)要使读者了解科学的意义,(二)要使读者得到科学的兴趣。关于第一层,我们觉得了解科学的意义不是容易的事体。科学的意义,不但平常人不易了解,就是学科学的人也不易了解。三十年前那些以船坚炮利、奇技淫巧为科学的,不消说了,就是学科学的人,学了化学仅知道氢氧氮……原子分子等的化合,学了物理学仅知道力学的算式、光电的放射等等,也不能算了解科学。我们只看许多科学的学者,免不了迷信思想,就可以明白他们对于科学根本的隔阂了。要了解科学,我们须要先寻出科学的出发点,那就是科学的精神和科学的方法等等。其次我们要晓得的,才是科学的本身和由科学发生的种种结果，如新式的工业、农业、医术等等。诚然，我们非在一门科学里面用功几十年，不能真正了解科学的方法和精神，但我们若不略为认识科学的方法和观念，要想了解一切科学事业的重要，是不可能的。关于第二层，我们要注意科学目下的状况。我们记得有人曾经说过，目下科学教科书的最大缺点，是专述科学上已经发明的事实，但不曾提及什么还要待我们的研究。这样的叙述，也许在做教科书的体例上是不得不然的，但我们不能不说他减少了学者许多的兴趣。我们晓得兴趣的发生，在于寻出问题，而通常教科书采入的材料，都是不发生问题，或是有问题而认为已经解决的。例如能(energy)的一个问题，在通常教科书中只说是不生不灭的（能量不灭的定律），至于能的来源，能有趋于无用的倾向，与原质内能新发见（放射质），便不大说及了。但是这能的问题，自然是将来科学界第一个大问题。如这一类的叙述与讨论，在通常的教科书中所见为缺乏的。在概论中却不妨尽量的发挥，以了解科学的根本概念，而同时即可引起读者的兴趣。

作者认为这两个目的，著了这一部科学概论。他不敢作高深的科学根本的讨论，因为在我们现在科学界里，这些还不成重要问题。他不敢起鸟瞰科学的野心，因为在现在科学发达的程度中，以一人而叙述各种的发展，也是邻于不可能事体。但是他很希望这本书能够使人读了之后，了解科学的特别性质，了解奇技淫巧不是科学，了解科学在近代学术上所占的地位，了解科学与近世生活所发生的关系。这样的一个计画，当然有实现的可能。若不能达到这个目的,只有怪作者学力的不够,及文章的不善,不能让科学界目下的状况来替我们分责了。

又本书于各种问题的讨论,作者采取各家学说,务求平允,有时也参加己见,有所折衷。读者若发见有什么谬误的地方,加以纠正,那是作者所馨香祷祝的了。

民国十五年七月　任鸿隽

例　言

本书分三篇,上篇叙述科学的基本性质,中篇讨论近世科学的重要概念,下篇陈述科学与近世生活的关系。全书约共二十万言,现分两册出版,合之可为科学全体写照,分之亦可见各部分的重要。

本书大体以科学发达的历史为经,以科学的各种原则及问题的讨论为纬,意在以经证纬,使读者注意科学性质的说明,同时复了解科学上重要的事实及其发展的次序。但本书非科学史,故于事实的叙述,只限随便举例,简略疏漏及先后错出,均不能免,读者谅之。

本书原为高级中学教科书而作。但是此科在吾国学校课程中为新设,作者对于高中教课素乏经验,此书内容的组织及取材,能否适于高中教科之用,尤不敢言。现暂定此书为中国科学社丛书之一,以备担任此项功课者之参考,及一般欲悉科学真义者阅读之用。如有用此书为教科者,能将其缺点见示以备将来随时增改,使合于教科之用,尤为欢迎。

第一章　科学的起源

科学的定义

科学是什么？①这个问题是本书所要解答的。我们希望读者读过此书之后,对于科学自然有个正确的了解。但在开始叙述以前,为便利讨论起见,我们觉得有替"科学"两字下一个定义的必要。简单的我们可以说：

科学是根据于自然现象,依论理方法的研究,发见其关系法则的有统系的知识。②

照这个定义看来,我们应当注意下列几点：

---

①科学这个字,在西方各国文字的意思已很不一致。 如英文的 science 常常与 philosophy（哲学）混称。 法文的 science 虽不与 philosophy 相混,但他的意思较为宽广,常常要用"社会的""政治的"等形容词来加限制,和英文用 philosophy 加上"自然""实验""道德"等形容词一样。 德文的 Wissenschaft,意思尤为宽广,凡有统序有方法的知识,都包括在内。 其 exacte Wissenschaft（精确科学）一语,也包括算术及自然科学,约等于英法两文之 science（参观 Merz, *History of European Thought*, pp. 89—90）。

②科学的定义也很多而很不一样。 我们现在随意举几个作例。 如希几维克（Sidgwick）在他的《哲学》书中说："科学是共同承认的普通知识体之一群,每一体都与可识世间之一部分或一形相有关系。"哈密尔顿（Sir. W. Hamilton）说："科学知识是因果相生的知识。"皮耳生（Karl Pearson）说："科学可以说是我们官觉印象（sense impression）的累篇分类的索引。 我们有了他,可以不费力的查出我们所要的东西；但是他不能告诉我们生命奇书的内容是甚么。"而《韦勃斯特（Webster）字典》中的定义是："科学是已经承认和聚集起来的知识；这些知识是为要发见普通的真理,或要发见普通原则的运用而加以组织及方式的。"

（一）科学是有统系的知识，故人类进化史上片段的发明，如我国的指南针火药，虽不能不说是科学知识，但不得即为科学。

（二）科学是依一定方法研究出来的结果，故偶然的发见，如人类始知用火、冶金，虽其知识如何重要，然不得为科学。

（三）科学是根据于自然现象而发见其关系法则的，设所根据的是空虚的思想，如玄学、哲学，或古人的言语如经学，而所用的方法又不在发明其关系法则，则虽如何有条理组织，而不得为科学。

总而言之，照上面的定义我们所谓科学，即等于自然科学（natural science）。本来自然这个字应该包括宇宙间的一切现象，人类是自然界的一物，当然不能除外。所以有许多社会现象经过科学方法的研究，都变成科学，如历史学、社会学等是。但本书的宗旨，是要说明科学的特殊物质性，我们以为范围愈小，他的性质越容易说明。以下所说的，专就物质科学、生物科学而言，因为此等科学是科学中的中坚和本部，了解这一部分之后，其他虽有出入，也不至于发生误会了。

照上面所说的看来，我们可以说科学是近世西洋文化的一种特产。严格的说，近世科学的成立，要把西历一千六百二十年，弗兰西斯·培根的《新工具》(Novum Organum)出世的一年，作一个纪元的日子。①不过说科学在甚么时候出现或成立是一

---

①参观本书第六章。

事,追溯人类求智的动机以说明科学的起源,又是一事。现在我们要讲的,就是科学的起源,也可以说是求智的动机。

求智为科学的动机

自来讲心理学的,总把人的心理分为知(intellect)、情(emotion)、意(will)三部。知的所属为知识,情的所属为感受,意的所属为行为。这种分法,无论于心理上对不对,但是我们晓得所谓"人为万物之灵",所谓"人之所以异于禽兽",实在要靠知识这个东西来做我们的分界牌。要说情感吗?"鸟之将死,其鸣也哀",牛将衅钟,就现出觳觫的情形。喜怒哀乐,恐怕人与禽兽也相差无几。要说意志吗?"你能牵马到水边,不能使马吃水。"意志既在行为里面表现,我们也无法反证禽兽没有。唯有知识这件东西,的的确确可为生物进化的代表——至少在所谓心灵进化以内。我们不晓得禽兽的知识,比我们低到如何程度,但是我们可以把野蛮人的生活拿来做一个比例。达尔文(Charles Darwin,1809—1882)①在他的《比格纪游》(*Voyage of the Beagle*)书内,叙述南美洲火拿斯顿岛(Wollaston lsland)人的生活情景说:

> 这些是我所见的最卑下最可怜的生物……他们没有蔽体的物品,就是长大的女子也是完全赤身。在那时候,正是下雨,那雨水和水花,直注的从她的身体

---

①达尔文是十九世纪英国最著名的生物学家,发明天择物竞学说,为近世天演说的宗师。

流下……到了晚上,五六个人也没有一点东西来遮蔽风雨,蜷睡在湿地上,同动物一样。只要潮水一退,无论是冬是夏,是昼是夜,他们立刻就得起来,往岩石上去拾取介鱼;他们的妇人,或则泅没入水中,去采集海蛋,或则耐性的坐在小舟上,用了无钩的钓发,去钓取一点小鱼。若是他们打死一个海豹,或者发见一块腐烂鲸鱼尸骸,和一点无味的草果和苔藓同吃,在他们是最大的酒席了。

达尔文写到此处还说:"平常谈论的时候,常常有人疑问下等动物对于生命有什么快乐;我想对于这些野蛮人发这个疑问,更为有理。"

拿这样的野蛮人的生活来和所谓文明生活相比较,我们不能不承认文明人的生活大大进步了。固然,生活上的进步,大半是偏于物质方面的,但是我们要晓得,物质的进步,就是知识进步的代表。我们不能想象野蛮人的沐雨栉风比穿衣裳住房屋还要快乐,我们只好说他们不晓得穿衣裳、造房屋,只是因为知识程度还不够。所以人类求智的倾向,实在是生物进化的一个大动力,科学不过是知识进化的最高级罢了。

科学知识的起源

科学知识的起源,大概有两个动机:

(一)实际需要　人类在自然界竞争生存,是一件不容易的事。能战胜天然的就得生存,不能的便就灭亡,这是所谓物竞天择的公例,人类是不能独外的。我们用什么去战胜天然?不消说,是利用天然的知识。换句话说,我们有许多重要的知识,都是由实际需要驱迫出来的。在文明初启的时代,人类的生活大半为物质所限制,于是知识和实际需要的关系尤为密切。我们举几个例来说明一下。例如天文算学的起源,近人都追溯到巴比伦(Babylonia)、埃及(Egypt)。巴比伦在西历纪元前三千八百年,已经晓得测时的方法。他们晓得一年为三百六十五日有零,一月为二十九天十二时四十四分。他们能晓得二百二十三个月(约十八年)以后,月蚀的次数是周而复始的。在埃及国中,几何学的发达,更不容疑义了。埃及金字塔的建筑,都有一定的方向和角度。据近人的考证,埃及的金字塔,不但是国王的陵墓,而且是占星的天文台,所以他的四边,正确向东西南北,而且塔中设有观星的露台。①这样的建筑,自然是没有甚深的几何学和工程学的知识不会成功的。现在要问这些知识为什么在巴比伦和埃及特别发达?

这个问题的答案,很是简单,就是在这两个国家里有特别的实际需要。我们晓得巴比伦位于梯格里斯(Tigris)和幼发拉底(Euphrates)的下流,在两河之间,土地肥美宜农,和埃及的位于尼罗(Nile)河边相似。因为梯河与幼河都每年泛涨一次,而农作与时令的关系特别重要,于是他们就不得不观测日月星辰的"敬授人时"了。至于埃及与尼罗河的关系,尤为特别。据

---

①参观郑贞文《最近物理学概观》第一章第五页。

说,尼罗河每年泛涨一次,把岸上田土的界限都淹灭了,于是每年水退后,必须重新丈量一次。因为这个原故,那几何学的需要,就可想而知了。实际上,几何学(geometry)这个字,就是量地的意思(希腊文 γατα 或 γη 为地,μετρετυ 为量)。

上面所说的,是实际需要和知识的关系。但实际需要是外面的压力。但有外面的压力而无内面的发展力,知识也是不会进步的。我们所谓内面的发展力,就是——

(二)好奇心 好奇心可以说是进化民族的一种天性,是不待勉强而且不能抑制的。人越在少年时代,好奇心越重,我们只要看看孩提之童,无论见了什么,都要寻根究底,就可见了。人类进化的情形,也是如此。当人类初在世界有了自觉的时候,看见自然界森然万象,日月星辰,风雨雷云,山停水逝,鸟语花放,那一件不可使他起一个不可思议的思想?因为有了好奇心,对于这些不可思议的现象,才要去求一个答案。这答案的形式,不出两途:一个是"何故"(why),一个是"何以"(how)。研究"何故"的结果,粗者为神话,精者为哲学、宗教。研究"何以"的结果,粗者为断片知识,精者即为科学。我们现在且举几个例来说明。

自然现象的答案

我们晓得无论那国,关于自然现象的究竟,都有许多神话。神话的意思,无非是说风云雷雨,日月星辰,各有神人为之主宰。我们俗传的风伯、雨师、雷公、电母等名称,是不烦称引的。英国迭更生(G. L. Dickinson)所著《希腊人之生命观》(*The Greek*

View of Life），对于古昔希腊人神话的起源说得非常明白，我们且引一段于下：

我们研究原人心理的时候，觉得第一件事是他们对于天然势力所有的恐惧和惶惑。他们无衣无屋以供遮蔽，又无武器以资保护，在那巨大而不可测度的东西中，处处与他们生疏而且为难的东西中，刻刻都有危险。火能热，水能溺，狂风暴雨能事破坏；虽有时日暖风和，亦可宜人，但此善意不过暂时的，而险恶乃为其常。不管他的意思如何，他是不可逃避，必须接触的。我们要得他的帮助，或同他抵抗，方能得到每步的前进，而且一时一刻也不能离开。这个常在的、隐蔽着、不可名状的东西是什么？这问题在他们的心中多久了，要搁开也不能。最后希腊人也同别的人在同样的情形下一样，用了他们特有的聪慧，得到一个答案，说"他是同我们一样"。他把每个自然界的权力，都看作灵界的人格存在：故天则为日媼斯（Zeus），地则为顿迈特（Demeter），海则为渤戏东（Poseidon）。这些形体，在他抟制手腕之下，一代一代的增多和固定，他们的品性和故事，也由最初的仅仅一个名字脱化结晶出来，最后则由意念中黑暗的隐示，产生出理想里光明美丽的世界中许多和善具体的人格。

这是说希腊神话的起源。我们晓得希腊神话说,"太阳是日神的火轮,天天从天中碾过;云是天上的牛,雨就是牛乳,下来润湿万物",乃是对于自然现象的一种解释。中世纪的神学者说,世界是上帝造的。上帝把世界造成了,并且坐在他的玉座上管理天空中一切事物。他把日月星辰系在天空中,吹气就起风,天眼揭开了就下雨。①我们中国古人把烈风雷雨当做上帝的震怒。这些说法,都可以表明原人的心理对于自然现象,都想求一个"何故",求之不得,就不免"以身作则",说他是有人格在后为之主宰了。这种解释可以说是宗教或哲学的起源,但于科学是不相干的。

其次,由好奇心引起对于自然界的注意,就是要求一个"何以"。比如人既知计算,则首先对于昼夜的分别,必引起时间长短的观念。又积累许久观察,知昼夜的长短不是一样,而且昼长的时候和昼短的时候,又有寒暑荣枯的种种的不同,而且是循环不已,周而复始的。他们渐渐的把日数记起来,直到大约三百六十五天,这个环期就可以一周,于是就有年的观念。至于月的圆缺现象,和他每日出现的周期,更容易使人生出月数(month)的观念。我们要注意,这种解释自然现象的方法,是专门注意于他现象的记录,他的原因如何,是不暇问的。关于这一点,巴比伦的时间测量法发明得最早而最有趣的,我们不妨征引一下。

---

①参观 Andrew D. White 著 *History of the Warfare of Science with Theology*(《科学神学战争史》)第一章所引。

巴比伦人早已知道用水钟的方法。他们的水钟,大概同我们的铜壶滴漏差不多,从一个盛水的壶中,让水慢慢流出,以同量的水表示同长的时间。他们用了这个量时的办法,来做了一个小小的实验,就是把日轮出地所须的时间和日轮经一昼夜所须的时间相比较,结果得日轮的直径,等于一昼夜日轮经天路径的七百二十分之一。现在再把全天分为十二小时,以十二除七百二十,即得一小时日轮前进的路程,等于六十个日轮(720/12＝60)。这就是天文测量及时间的计算以六十为单位的起源。①

我们看了这段故事,可以明白这个寻求"何以"的办法,只是要看太阳本身出现要若干时间,太阳经天一昼夜要若干时间,因此可以得到太阳的直径和周天路径的比较;但是他们对于太阳的为神,为人,为上帝的眼睛,为日神的火轮,是无所容心的。由这种态度所得的知识,都是事实的知识,不像由"何故"去求知识,会误入神话迷信一路。至于事实的知识,才是科学的根基所在,后章尚须详细解说,此处不必多讲了。

好奇心较实际需要尤为重要

实际需要虽然也是知识的起源,但是仅有实际需要而无好奇心,知识是不会发达的。我们只要看埃及的几何学,虽然有了起点,一直到了希腊的幼克理得(Euclid)②,才集此学的大

---

①参观 Sedgwick and Tylor, *A Short History of Science*, Chap. Ⅱ, p. 28。
②幼克理德,希腊数学家,生于纪元前第四纪间,即著《几何原本》者,为西方几何学的始祖。

成;这是因为希腊人的性情偏于理智,即富于好奇心,不像埃及人只重实际的原故。我们再看希腊的大数学家亚奇米得(Archimedes)①,当罗马大将玛舍那(Marcellus)攻进色拉扣思(Syracuse)城的时候,他因专心研究他的问题,竟忘了罗马人已经把城攻下了,直等一个罗马士兵到他的面前,要拉他去玛舍那的时候,他还要把一个几何题目做好了才肯去,因此触怒了这位兵士,就把他老先生杀死了。这样对于学问的专心,也就是好奇心强盛的表现。我们可以说,关于知识的起源,好奇心比实际需要尤为重要。

第二章 知识的进化

上章所说科学的起源,也就是一切知识的起源,科学不过是知识的特殊一种罢了。本章的主旨,在说明知识进化的程度,以见科学的地位和价值。但是知识是什么?乃是我们要先行说明的一个问题。

知识为解决环境困难的工具

---

①亚奇米得,亦希腊数学家,生于纪元前287年,其死在色拉扣思的陷落,则为纪元前212年。亚奇米得颇似吾国的墨子,他发明种种机械,帮着守色拉扣思城,使罗马人攻之不下,现今物理学上有亚奇米得定理,也是他发明的。关于亚奇米得的死事,也有几说。一说,有一罗马兵士上前拔刀欲杀他。亚氏回头看了,毫无惧色,但求此兵稍缓一下,使他得完成它的图解。此兵竟不听,遂被杀。又一说,则谓亚氏正当他的数学仪器,如三角形、球体等搬到玛舍那去的时候,途中的兵士误认所搬的是金宝,遂被杀。死后玛舍那极痛惜之,替他立碑纪念。

知识的性质和起源,本来是哲学上的两个大问题。他的答案,有所谓实在论(realism)、观念论(idealism)、经验论(empiricism)、理性论(rationalism)种种。① 本书既不是讨论哲学的著作,这些问题当然在本书范围以外;我们所要晓得的,不过知识的普通意义就够了。希腊哲学家把知识和意见的界限分得很严;他们以为知识乃哲学研究的结果,故意见人人可有,而知识乃是哲学家所独有的。

英国的近人皮耳生(Karl Pearson)又欲把知识的一个名词专用于科学方法所得的结果上。②这种说法,都未免把知识的范围弄得太狭小了。就最普遍的意义而言,我们可以说,知识是解决环境困难的工具。知识即是解决环境困难的工具,故因环境的不同,而知识的程度亦不能不因之而异。因此,知识的进化,也是人类文化史上应有的现象。

解决环境的困难,是怎么一回事呢?《颜氏家训·勉学篇》说:

> 多见士大夫……全忘修学,乃有吉凶大事,议论

---

①实在论是说我们的知识就是实物的拓本;观念论是说我们于实物的存在与否,无从得知,我们的知识不过是心中各种观念的集合而已。 这两种都是解释知识的性质的。 经验论是说感觉为一切知识的起源,因为集感觉而为经验,集经验而成知识;理性论是说真正的知识必根据于原理,而原理不是感觉所能得的。 这两种都是解释知识的起源的。 读者可参观 Paulson, *Introduction to Philosophy*, p. 49。

②见 Karl Pearson, *Grammar of Science*, Chap. Ⅲ, p. 77。

得失，蒙然张口，如坐云雾；公私宴集，谈古赋诗，塞默低头，欠伸而已。有识旁观，代其入地，何惜数年勤学，长受一生愧辱哉？

这是说人而无学，即无知识，虽公私宴集的环境，亦将不免愧辱了。此言虽小，可以喻大。譬如人没有耕种牧畜的知识，遇着饥饿，就不免苦难；没有纺织缝纫的知识，遇着寒冷，就不免困难；没有医药的知识，遇着疾病，就不免困难；如此之类，难以枚举。复次，离开物质而讲精神生活，也可见知识为解决困难的必要。譬如古人看见日食，就要恐惧修省，遇着彗星出现，更以为大祸降临，奔走相告，讲求祈祷。其实我们现在晓得日食是一定的，彗星也是有轨道可计算其来往的。又如朱子书说：疫疾能传染人，有病此者，邻里断绝不通询问，甚者虽骨肉至亲，亦或委之而去，伤俗害理，莫此为甚。或者恶其如此，遂著书以晓之，谓疫无传染，不须畏避。其善意矣，然其实不然。①朱子觉得这件事于道德和生命有关，最为难处。其实，我们晓得防疫病传染的方法，道德和生命的关系便不成问题了。可见人类的知识，浅自穴居野处，茹毛饮血，深至舟车宫室，驭汽使电，粗自祈神求鬼，拜日占星，精至算日食，报天气，测定彗星的轨道，无不是为解决环境困难的工具，即无不具有知识的资格。

---

① 见《朱文公文集》第七十一卷《杂著》。

知识进化的三个时期

知识既有浅深精粗的不同,那末,知识的进化,当然有程级的可寻了。在哲学史中,我们晓得十九世纪法国的哲学家孔德(Auguste Comte, 1789—1857)①,曾经发明了一个人类知识进化的公例。他把每一门知识的进化分做三个时代。第一是神学时代(theological stage),第二是玄学时代(metaphysical stage),第三是科学时代(scientific stage),或说是正确时代(positive stage)。他的这个分法,大概是不错的。不过孔德是哲学家,注意在知识的解释一方面,故有上举三个名称。我们若就知识的实际来看,可分为三个时期如下:

(一)迷信时期 这个时期的知识,不在乎明白事物的原理,而在乎求知事物的意志。如上章所说,野蛮人和中古时代的人,把自然界的现象,都认为有人为之主宰,便是一例。此时期的人,自己以为对于一切事物都有绝对的了解,其实完全是错误,所以为迷信时期。

(二)经验时期 这个时期的知识,已经不管事物的意志了,但就自己的经验,知道事物与事物之间有多少的关系。这些关系,知道的容许极不完全,并且有时还可以加些玄渺的解释,故孔德称之为玄学时代。不过我们要晓得此时期的知识,把单独主宰者的观念放弃,而求解决于各个自然的力量了。易词言之,就是人类自己的经验,实际上占了知识的重要部分,故

---

①孔德为十九世纪法国哲学家。他著有《实证哲学》(*Positive Philosophy*),主张科学为最高知识,于西方思想界影响极大。

我们称之为经验时期。

（三）科学时期　在此时期,我们晓得利用人类的经验,发明事物的原理,比较经验时期又高出一层了。这个时期的知识,都是根据于事实的①,而且都是各种事实必然的关系。所谓事实的解释,不过一个特殊的现象与一些普通事实关系的确定而已。这种关系一经确定后,不但可以解释当前事实的情境,并且可以预测未来事实的发生。这种知识实在是最高而可贵的。这就是科学时期。

现在我们可举几个例,来说明三个时期的不同。譬如人有疾病,在迷信时期,就以为是鬼神为祟,于是他们仅管求神禳鬼,以求疾病的痊愈,却不知道用药。旅行南非洲和澳大利亚的人,尝说野蛮人不信人有死于自然的。若有人死,其人必系为不可见的神鬼所祟害。②即在我国内地,此种证据,亦正不少。比迷信进一步的,晓得用药来医病了。但是他们只晓得某种药治某种病,却不晓得药的主要成分和病的主要原因是什么。即使说了一些阴阳胜伤、五行生克的话（玄学的现象!）,终究说不出病与药的所以然。这就是经验时期。到了科学时期就不同了。他们不但晓得用什么药去医什么病,而且还要晓得病的起源和身体的构造。这些知识都是切切实实由科学研究

---

①我们要晓得,据孔德的意思,一切知识都是向着他所指出的三个阶级（神学、玄学、科学）而进化的,所以如现在尚有不根据事实的知识,只说此种知识尚未进化,不能拿来反驳他。

②看 Levy‑Bruhl 的 *Primitive Mentality*,书中证据极多。

出来的。有了这些知识,不但能医病,而且还可以防止病的发生。如像百斯笃、可列剌这些可怕的疾病,自把他的病菌发见以后,那防止的工作就有所施了。

再说,在天文学上,我们最初对于日月运行,风雨时至,都以为有神为之主宰,这是第一个阶级。其次渐渐的晓得日月出没的时间,和"月晕而风,础润而雨"等常理,是为第二个阶级。最后晓得日月星辰的运行,都有一定的轨道,为一个天然律所支配;风云雷雨的现象,也可以根据物理原则,作天气的预测,就是第三个阶级了。

复次,社会组织是最复杂的问题了,但是我们细心考察,也可以看得见三个阶级的存在。如原人时代,迷信君权的神授,是第一个阶级。君主政治或贤人政治的时代,但据历史沿传的习惯,作社会组织的基础,是第二个阶级。最近的平民政治和社会主义,用民众的公意和社会的经济状况做政治建设的基础,是为第三个阶级。

如此之类,说亦不能尽,我们希望读者随时领会,此处不能多举了。至于这三个阶级,当然没有截然的界限;有时经验时代,还留着许多迷信的思想;有时科学时代,还离不了经验的遗迹;这是孔德已经说过的。我们现在要问知识的构成,有什么要素?并且他的进化有些什么条件?

知识的要素和进化的条件

知识的要素至少有两个:一是事实,一是观念,事实是由外物的观察得来的,观念是由心内的思想得来的。观察是属于官觉(sense)的,思想是属于推理(reason)的。但观念必须根据于事实,事实必须系属于观念,这两个要素,须如车有两轮,鸟有两翼,同时并用,方能得到真正的知识。若偏于一方面,不是失之零碎,便是失之空虚,知识既不完全,进化亦因之阻滞了。惠卫而(William Whewell)在他的《归纳法的科学史》中有一段讲得最好,我们不嫌长冗,把他征引于下。①他说:

> 这两个要素(官觉与推理)的任一个,都不能组成实在普遍的知识。官觉的印象,若不与合理凌空的原则相联和,结果不过实际认识单个的物体;反之,推理机能的运用,若不使他常与外物相印证,结果也不过引到空虚的抽象和枯槁的才能罢了。真正切理的知识,须要两个要素相接合——即正当的推理与用以推理的事实。人有常言,真知识为自然界的说明,故必须有说明的人心与自然的题目;即一篇文章与不误读此文章的才能。故创见,锐敏,与思想的连贯,为哲学知识进步所必须,而时常确切的应用此等机能于确知明晓的事实,亦为不可缺的要求。科学史上因两者中缺一而致科学无由进步,其例至多。实际上世界进行的大部分,与多数国家多数时间的历史,都是表示知识停止不进的情形的。所有的事实,所有官觉的印

---

① Whewell, *History of Inductive Science*, Vol. I, pp. 43—44.

象,为最初物质知识进步的企图所依赖者,在彼时期以前,已久为人所知,但不曾拿来应用。星的运行和重力的效果,在希腊的天文学和重力学未出现以前,早已为人所熟悉了;但是"天纵之才"还不曾出现,无人能运用思想,把这些事实用公例或原理的形式联合起来。即在现在的时候,全地球上未开化或半开化的人,有无量数的事实在他们的眼前,和欧洲人所用来造成伟大的物理哲学的,不差分毫,但是除了欧洲以外,地球上的他部分,没有一人晓得用智慧的方法,把这些事实变成科学。这就是科学的机官不曾工作。散碎的石料已经在那里了,但是工匠的手段却是没有。复次,仅仅思想的活动,一样的不能得到真知识,我们也不乏证验。如希腊哲学派的历史,欧洲中世纪的学者,与阿剌伯、印度的哲学家,都可以告诉我们,他们尽管有极高的才智与思理,创见与连络,表示与方法,但是从这些种子中,长不出物理的科学来。从这些方法,我们可以得到论理学、玄学,或者就是几何学、代数学也可以得到,但是从这些材料中绝对不会得到力学、光学、化学,同生物学。三百年来这几种知识发达的历史,使我们晓得除开常常并且仔细的印证于观察与试验,这几种科学是怎样的不能成立;又他们若从哲学者用思想的源头去撷取材料,他们的进步又是如何的迅速与昌盛呵!

照惠卫而的话，知识的构成，至少有事实和观念两个要素，而且知识的进步，是要看这两个要素是否调剂得当而定的。我们可以说，迷信时代是偏于观念的，经验时代是偏于事实的，至于观念与事实的正确与否，又另外是一问题。我们只要看知识的某一要素，占领人们思想特别的多，就可测量某时期知识的程度。不过在人类思想史中，有一时期，知识完全陷于中止不进的状态，例如中国的秦汉以后，欧洲的中世纪，又是什么原故呢？这个中止不进的状况，在人类文化史上，是常常遇见的，因为他关系的重要，我们不妨把他考虑一下。

知识不进的原因及其特征

知识不进的总原因，自然是因为缺乏求新知和真理的精神与勇气，但是这个时代思想上的特征，却有几个可指出的：

（一）尊崇古代　他们以为世间道理，都被古人发见完了；世间的事物，都被古人知道尽了；凡是古人所留下来的，都是好的；凡是古人所没有的，都不必再去探求。这种观念，在西方是宗教传说的结晶，而我国的道学家，"非先王之法服不敢服，非先王之法言不敢言"，也是这个精神的表现。

（二）依赖陈言　崇古的结果，就是以古人的思想言论为求学的唯一目的，决不敢自开生面。他们要研究了古人的意见，然后自己才有意见。他们要从古人的书中读出自然界的道理。他们要晓得的，是曾经说过想过的，不是正在实现或存在的。他们平生的希望，是做一个古人的注释者，不是自然界的说明人。

诚然,在道德、美术、文学方面,古人的意见和言语,是不能完全不顾的;因为在这些方面,可以说意见就是实际,而留贮人心的思想感觉,也就是我们工作的原料。但在科学知识方面,我们的书本,乃是自然界自己;我们要以观察代阅览,以试验代注释,以归纳代批评,以发明家代绩学者。

(三)固执成见　由依赖陈言到固执成见,可说是自然的步骤。他们自己带上了古人的羁轭不以为足,还要众人一齐带上。他们用了微妙的思想,在某种"天经地义"的书中,发见所有的真理。于是不许他人再在这里或任何他处,发见其他的任何真理。他们一方面是暴君,一方面仍旧是奴隶。最明显的例,是宗教上创世说最盛行的时候,许多科学上的真理,都因为与圣书的词意不合而被屏斥。譬如圣书说,生物的种类,都是上帝在七天之内造成,亚当为之命名,而藏在一个大木船内,后来的物种,都是和创造的时候一样的。后来动物的种类发见的多了,于是对于《创世纪》的说话不能不发生疑问。但是这个疑问何足为难,他们只要把诺亚(Noah)的木船尽管放大,最后我们再说人类对于木船的大小未得真确度量就完了。①又如地圆的学说,中世纪的神学家绝对不信,他们除了草木生物不能倒生之外,还有一个理由,是说地球的那面,不能有人居住,因为圣书上说亚当的后人,不曾提到这些人类。一直到哥仑布发见新大陆的前数

---

①见 Andrew D. White, *History of the Warfare of Science with Theology*,第一卷第一章。

年,宗教的作家,还有视地圆说为"危险思想"的①,这可以见成见势力的大了。

(四)观念混淆　有了上面种种原因,于是观念混淆就成了是自然的结果。观念的混淆又分两方面:(一)是关于用语的混淆。例如"力"(force)的一字,在物理学上是有一定的意义的。他是物质和加速度的相乘积。但是在科学未昌明的时代,"力"的一字,总多少带些神秘色彩。如勃领列(Pliny)②讲小鱼"爱及理斯"(Echineis)阻舟的故事,郑重地说道:"什么比海与风还要凶猛？什么比船还要精巧？但是一个小小的鱼,能够把他们一齐止住。风尽管吹,浪尽管狂,但是这个小东西管住他们的盛怒,使船停止……并不要使力,不过仅仅黏着而已。"又如"动作"(action)的一字,也含有同样不可思议的意思。如亚贵那思(St. Aquinas)③论物体的动作说:"物体为能力与动作的交合,故可以自动,可以被动。"④这种说法,动作的意义,是怎样含混与活动,无怪我们要说"铜山西崩,洛钟东应"一类的神话了。(二)是关于用意的混淆。物理的探讨,每每和道德、美术混为一谈。例如古来的天文家,都说行星的轨道是正圆的,因为圆为最完美的几何形式。又如新柏拉图派的哲学家(Neo-

---

①同书第二章。
②勃领列为第一世纪的罗马历史家。
③Thomas Aquinas〔1225(？)—1274〕,为十三世纪有名高僧。
④见 Whewell, *History of Inductive Science*, pp. 232—233。

platonist）①在平常的数目中看出特别的意义："三"为天的秘奥，"七"是无母之处女，"六"为最完全的数目。又如中古的炼金化学家（Alchemist）把金属分尊贵卑劣或完美不完美等类,金为君,银为后；于是他们的问题，就成了"完美的探讨"或"完美的总和"了。②我们中国自来有所谓"三才""三纲""三政""三教""五行""五德""五刑""五典""七政""七情"等等说法,似乎这些数目字有特别意思,又如说"天之为言镇也"，"地者易也"，"日之为言实也"，"月之为言阙也"，"水之为言准也"，"火之为言委随也,化也"，"金之为言禁也"，"木之为言触也"，"土之为言吐也"③,恐怕都是"六最完全""金为君,银为后"之类。这些都不过表示观念的不清晰罢了。

科学复兴的动机

一个民族的思想,到了这种死气沉沉,束缚重重的情形之下,欲求翻身,是不容易的。我们前面已经说过,知识是解决环境困难的工具,所以要求知识的进步,必须其时的环境给了我们一个心理上的不满足。在中世纪将要告终,文艺复兴开始的时代,欧洲的思想界,忽然起了一个大反动；这个反动,我们可以说是文艺复兴的一部分。他们的主张,是把事实放在思想构造的第一位,那些主义和理论,只放在第二位,或竟不管他。主

---

①新柏拉图派的哲学,起于第三世纪亚力山大的希腊学者。他们以柏拉图哲学为根据,好以神秘意思解释最终的现象。

②这是炼金化学家格白尔（Geber）的书目。他的英文是 *Of the Search of Perfection*, *Of the Sum of Perfection*, etc。

③俱见《白虎通德论》。

张这种意思最早,且表示得最清楚的,要算十三世纪英国的罗皆·培根(Roger Bacon,1214—1294?)。这位培根先生是位教士,但他很主张用实验的方法来求真理。他说:"别的科学只用辩论来证明他们的结论,但只有这个(实验)科学,才有寻到自然和人为事实的完全方法。"①不过他的主张,在当时还不盛行。到了十六世纪,弗兰息斯·培根(Francis Bacon,1561—1626)出来,更大昌其说,主张以事实的学问代文字的学问,以归纳的论理代演绎的论理,以了解自然为征服自然的手段。那个时候,天文和物理的方面,已有不少的发明,又得培根方法上的鼓吹,于是为学的精神才易了一个新方向,而知识的进步也就沛然莫之能御了。科学的复兴,固然是使知识的进化达到第三个时期,而两个培根科学方法的提倡,使我们知识的进化有一个确固的基础,尤其是近代学术与古代不同的地方。

第三章 知识的分类及科学的范围

上章所说知识的进化,是把知识来做纵的解剖。本章所说知识的分类,是把知识来做横的解剖。我们希望经过本章讨论之后,不但科学的地位愈加明瞭,并且科学的范围,也可以大概呈露了。

---

①关于罗皆·培根的学说及位置,近人著作每多附会过甚的说话。此处所引,见 Lynn Thomdike 的 *History of Magic and Experimental Science*,二册第六十一章。

科学的分类,要如何才算妥当,是哲学上的一个问题——而且是未解决的一个问题,与科学本身本来没多大的关系。我们现在要说明的既是科学的大概,关于科学分类的问题,自然不能详细讨论。我们现在所要知道的,是科学知识种类的大概,而分类不过是叙述这个问题的简便方法。有了上面几句叙论,我们可以言归正传。

要把知识来分类,必须知识先有相当的发达;所以西方古时,只有在希腊学术全盛的时代还有这种企图①,以后便阒然无闻了。我们中国虽然有九流十家之说,但这都是说学术的派别,不能当分类看。所以我们现在讲知识的分类,还是从西方中世以后说起。

罗皆·培根的分类

我们在上章曾经说过,欧洲知识的增进,从罗皆·培根主张实验科学为始。罗皆·培根虽然没有发表什么分类的意见,但在他的哲学名著 *Opus Majus* 里面,曾经举出最重要的五种学问,即言语文字学(Language)、算学(mathematics)、视学或光学(perspective or optic)、实验科学(experimental science)、道德哲学(moral philosophy)。②我们晓得罗皆·培根是在时代前面走的一个人,所以他所列举的,已经溢出当时学术范围之外了。

弗兰息斯·培根的分类

真正把所有的知识拿来作一个概括的分类的,要算弗兰息斯·培根为最早。他把一切知识分作三类,而每一类都以心理

---

①看柏拉图及亚里士多德的著作。
②见 Thorndike, *History of Magic and Experimental Science*,第二册,630页。

的作用来做标准。比如他分的历史学为一类,是属于记忆的;诗学为一类,是属于想像的;哲学或科学为一类,是属于推理的。他在每一类之下又分几个细目,现在把他的分类法①用图表之如下:

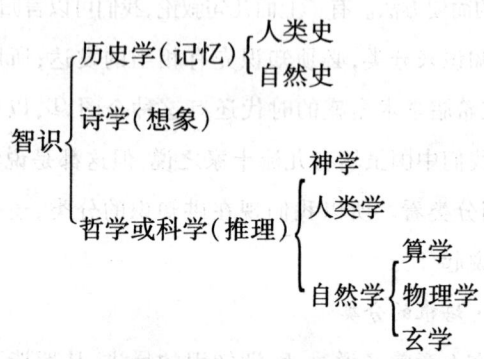

培根这种分类法,以心理作用为标准,最不能使人满意。如历史学虽重记忆,但亦不能无推理的作用。哲学与科学虽重推理,但使没有记忆,推理也无从进行。这是近人对于他的普通非难。但是他这个表,总是知识的一个统系,而且我们可藉此晓得当时学术的大概。我们看他哲学与科学不分,物理学与玄学归入一类,就可知道当时的科学,不过占知识的一小部分罢了。

边沁、安培耳的分类

到了十九世纪,科学发达了,培根的分类法越觉得不适于用,于是如英国哲学家边沁(Bentham,1748—1832),法国数学家

---

①见培根的 "Intellectual Globe"。

安培耳(André Marie Ampére,1748—1832)都把科学分做物质科学和精神科学两大类。在他的物质科学里面,列入天文学、地质学、物理学、化学、生物学等;在他的精神科学里面,列入历史学、言语学、法律学、经济学等。这种分类法,有两个可注意之点:(一)是以研究的对象做分类的标准;(二)是科学的范围已经推广到历史、言语等学问上面去了。

孔德的分类

其次是孔德的分类法。他主张科学是由普通而到特殊,由简单而到繁复的地位的。换一句话说,他以为各种科学,不是截然可分为两类,乃是循一个直线的统系,始终一贯的。他承认基本的科学有六个,顺序说起来,就是:数学—天文学—物理学—化学—生理学—社会学。①

他的详细分法,系把自然现象分为无机有机两类,但是据孔德的意思,有了无机的知识,才有有机的研究,所以结果仍是一贯的。我们可以把这种关系列表如下：

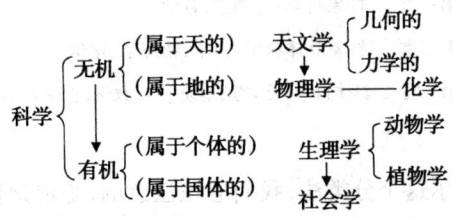

---

①看孔德的 *Positive Philosophy*, Chap. II, on the View of the Hierarchy of the Positive Sciences。

在这个分类之下，我们应该注意的，是他把科学的范围限定于有正确性质的知识上面，而把社会学也列为正确科学之一。

斯宾塞尔的分类

孔德的分类法虽足以表示科学的统系，但于科学的性质却不甚明瞭。如他把数学和化学、生理学同列，又把心理学放在生理学之下，都是因太注重统系而起的牵强弊病。英国的哲学家斯宾塞尔(Herbert Spencer,1820—1908)把孔德的分类法修正了：他把科学分为三类，第一类是抽象科学(abstract sciences)，是讲科学叙述的方法及形式的；第三类是具体科学(concrete sciences)，就是科学叙述的本身；介于两者之间的第二类，叫做抽象具体科学(abstract-concrete sciences)，是用第一类的方法来处理第三类实质的科学，换一句话说，就是"因子"的科学。①现在把三类的科学列表如下：

科学 { 第一类　抽象科学：论理学,数学。
第二类　抽象具体科学：力学,物理学,化学。
第三类　具体科学：天文学,地质学,生物学,心理学,社会学。

斯宾塞尔这个分类法,我们应该注意的,是他把数学、论理学认为形式科学,自为一类,而认为心理学为具体科学,都是现在所遵用的。所不可解的,为什么力学、物理学、化学不同天文

---

①看斯宾塞尔的 *Classification of Science*, 1864 年出版。

学、地质学,一样是具体科学,而必要另立一个抽象具体科学的名称?若说第二类可产生第三类,而第三类不能产生第二类,那正是孔德的"科学系统"的观念,是斯宾塞尔所不赞成的。

以上都是五十年以前学者对于科学分类的意见。目下科学研究愈加发达,科学的分类也自然愈加精致,可是我们此处只能略举一二,其余的读者可自行参考。①

皮耳生的分类

英国的皮耳生(Karl Pearson)在他的《科学法程》(*The Grammar of Science*)书中,也主张把科学分做抽象科学、具体科学两种。在他的抽象科学中,含有论理学、数学方法的训练,及统计学在内。具体科学又分为物理科学和生物科学两类。物理科学包括无机现象中一切科学,又可分为精密的物理科学和概要的物理科学,每一类又分几个细目。生物科学又可分为空间的生物学、即可研究生物的分布的和时间的生物学,即研究生物的发育、变化等的。这里头研究生物的一回变化的,叫做生物史,或进化论,研究生物有反覆变化的,就是狭义的生物学。狭义的生物学,又可分为(甲)研究形态及构造的,是为形态学、解剖学、组织学等;(乙)研究发育生长的,是为发生学、性的进化学、遗传学等;(丙)研究机能及行动的,就是生理学、心理学等。心理学的一支,研究人众集合体的,就是社会学。至于伦理学、政治学、经济学、法理学等,又不过是社会学的一部分

---

①参观 J. A. Thomson, *Introduction to Science*, Chap. Ⅳ,及周梵公译日本平林初之辅著《科学原理》。

罢了。我们可照皮耳生的分类,作一个详表如下:

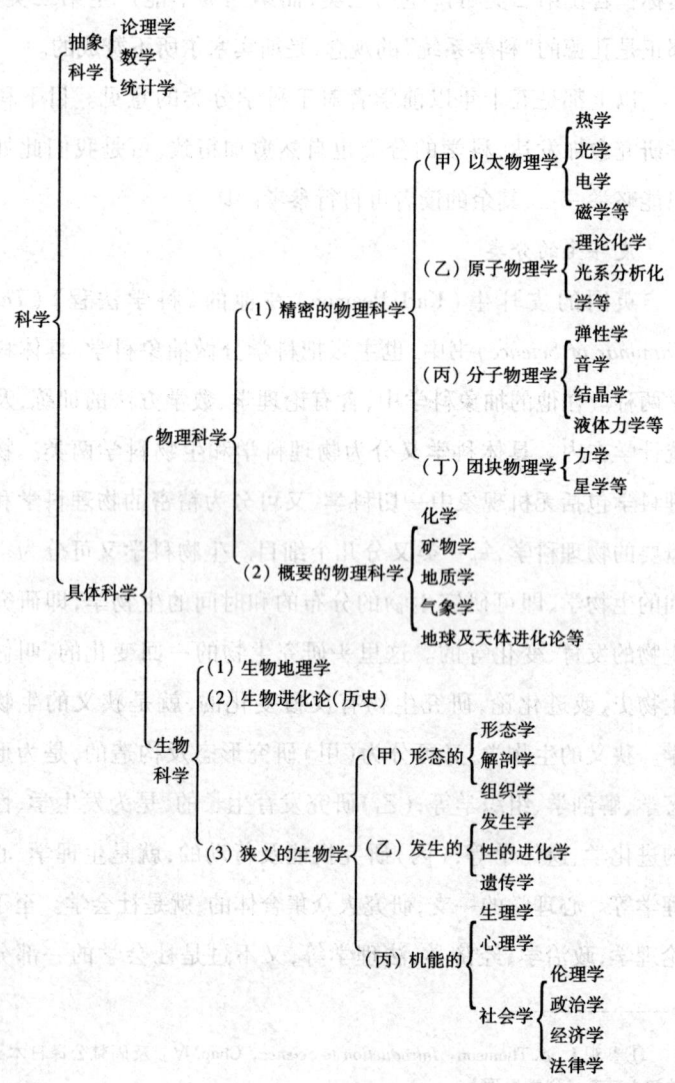

皮耳生的分类，还有使我们注意的地方。他打算在抽象科学和具体科学的中间，设一种联络他们的应用数学（applied mathematics）；又打算在物理科学与生物科学中间，设一门生物的物理学（bio‐physics）。他的意思，不但要表示各种科学相互的关系，并且想把一切有机的现象，用运动的法则来说明。他的计划可再表示如下：

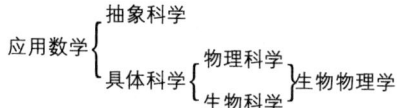

皮耳生这个计划，我们晓得他并非偏于理想的,如现在我们所有的生物化学(bio‐chemistry),不就是生物物理学的一例吗？赫姆霍慈(von Helmholtz)的预言,说一切科学的现象及法则,都可以运动律来说明,虽目前距离尚远,然并非先天的不可能的啊！

冯德的分类

关于科学的分类,还有那德国的心理学家冯德(Wilhelm Wundt,1832—1920)曾经发表意见。他把科学分为形式科学及实质科学,以数学属于形式科学。他又把实质科学分为自然科学、精神科学。这种分法和上面所说的边沁、安培耳的分类法颇相近,不过冯德把数学认为形式科学的一种,是不同的地方。后来闻德邦(Windelband)、李凯特(Rickert)又有所修改,把冯德的精神科学改为文化科学。这些讨论,于科学的分类,是很有趣味的,但是于知识全体的问题,却没有许多的关系。

汤姆生的分类

我们现在再引汤姆生(J. A. Thomson)①的分类法来做一个结束,因为汤姆生的分类法,虽没有什么特别的主张,却可以显出一切知识的地位和关系。

抽象科学	具体科学			
	普通的	特殊的	联合的	应用的
		(例繁不及多引,略举以见一斑)		
玄学(最高的)	5. 社会学	人类学 各种社会组织之研究	人类之历史	政治学 公民学 经济学
伦理学	4. 心理学	美学 言语学 心理—物理学	人种学	论理学 教育学
	演育学 形态学 生理学 原因学	动物学 植物学 原生学	生物通史	优生学 医学 林学
统计学	3. 生物学			
	2. 物理学	天文学 测地学 气象学	地球通史 地质学 地理学	航海学 工程学 建筑学
数学(基础的)	1. 化学	分光学 立体化学 矿物学	海洋学 太阳系通史	农学 冶金学 采矿学

---

① 见上注,或看《科学》第二卷第四期唐钺译《科学之分类》。

汤姆生把科学(实在照他的分法,只可说知识)分为两大类:一是抽象科学,又可称为形式或法则科学;一是具体科学,又可称为叙述或实验科学。具体科学里面,又承认五个基本科学,就是社会学、心理学、社会学、生物学、物理学、化学。他把详细的分类列为一表,我们照译如上。

科学的彼此关系

把上面这些分类的看法看了之后,至少我们可以得到两个重要的观念。

(一)科学是彼此互相关系的,不是孑然独立的。培根说得好:"科学的分类,非如许多不同的线聚于一点,乃如树上的各枝相连于一干。"我们所研究分类的意思,也是要得一个明确的有统系的观念。至于各科学的彼此互相关系,并非偶然,乃是因为天然界的真理,是一个无所不在的全体,而一种科学只能研究天然现象的一方面的原故。比如生理现象,在构造一方面研究,则为解剖学、形态学,在作用一方面研究,则为生理化学、生物物理学等。化学、物理学同生理学本来是关系很远的,但科学发达的结果,使他们由路人而变为极近的亲属了。又如化学同物理学这两门学问,照古来的界说,是截然不容混乱的。不过近来因理论化学的发达,物理学与化学已经是难分界限。最近物质的根本构造,追究到电子上去,那物理学和化学更成了一而二、二而一了。唯其如是,所以一种学问的发达,常常可以帮助他一种学问的进步。譬如生理化学的研究,使我们晓得身体中的许多变化,不过养化、还原、加水分解、发酵等等作用,于是我们对于生理现象,也就得了更明确的了解和处理方法。

又生理学上的发见,也于化学上大有帮助,如千六百七十四年英国的医士马尧(Mayow,1645—1679)的发见"火气"(fireair,即养气),是其一例。

明白这个意思,我们若见有一个现象,在几种科学之下研究,就不会觉得有什么可怪的地方。汤姆生说得好:"我们赏一朵玫瑰花,至少有四种科学问题要发生,即化学、物理学、生理学、心理学,都不无关系。"但是我们要晓得的,就是这些科学,虽然所取的是不同的方法,所用的是不同的工具,所得的是不同的方式,因此,我们为人类的便利计,不能不把他们分而为四,其实不过是一个理性的探讨的各种表现罢了。

科学的范围

(二)是科学范围的扩大。这个扩大的倾向,我们只要把培根及斯宾塞尔的分类表拿来和皮耳生、汤姆生的一比就明白了。但是这中间我们要分别的,如社会学,是本来没有从新创立的;如心理学,是原来属于哲学范围之内,我们把他划出成一独立科学的。这是什么缘故呢?因为科学之所以为科学,不在他的材料,而在他的研究方法。他的材料无论是自然界的现象也好,是社会上的情形也好,是生理上的作用也好,是心理上的表现也好,只要能应用科学的方法,做严密的有系统的研究,都可以成立一种新科学。所以我们可以说,世间的现象无限,科学的种类也无限,我们要扩充科学的范围,使与世间的一切同大,也没什么不可以的。我说这个话的时候,心中尚没有忘记有人说过关于情感的现象,如宗教、美术都不是科学所能研究的。这个话已有人加以解答①,我们可以不必更为词费了。我们所晓得的,是美术与宗教,现在都有趋于客观的研究的形势,审美学就是一例。

科学与假科学

关于这一层,我们要注意的,不在某种现象是否适于科学研究的问题,而在研究时是否真用的科学方法的问题。如近有所谓"灵学"(physical research),因为他的材料有些近于心理现象,又因为他用的方法有点像科学方法,于是有少数的人居然承认他为一种科学(如英国的洛奇 Sir Oliver Lodge);但是细按起来,他的材料和方法却大半是非科学的。这种研究只可称之为假科学(pseudoscience)。我们虽然承认科学的范围无限,同时又不能不严科学与假科学之分。非科学容易辩白,假科学有时是不容易辩白的。我们看了下章科学方法的讨论后,这个分别当能明白。但为使科学方法易于了解起见,我们当先说明科学的精神和目的。

第四章　科学知识与科学精神

科学与常识

科学与常识的分别在什么地方?照平常人说来,科学的知识,大半是平常人所不能懂得的;平常的知识,大半是非科学

---

①看唐钺《科学的范围》,见亚东图书馆出版《科学与人生观》下册,及《唐钺文存》。

的。那么,科学与常识竟是判然两物了。其实不然,我们晓得科学与常识,只有程度之分,并无性质之别。譬如水性就下,这是从古以来我们所有的常识;又如以吸筒抽水,水可升至高到吸筒里来,这也是二千年前我们已有的常识①。但是拿吸水筒说明气压的关系成为动力学的一部分,换言之,即成为科学的知识,却在托利且理(Torricelli,1608—1647)②出世以后。又如日月的东出西没,春夏秋冬四季气候的变换,晦朔亏盈的现象,行星运行的观察,早已成了几千年前的常识,直到一五四三年哥白尼(Copernicus,1473—1543)的地圆说出现以后,始成为科学知识。我们看了上面前两个例,可以见得科学和常识并不是两件东西。实际说起来,科学是建设于常识上面的。但是科学和常识的分界究竟在什么地方。我们可以再就上面的两个例来说明一下。

科学知识与常识不同的所在

我们的常识晓得水在吸筒中可以上升,但是我们不晓得水的上升,究竟能到什么高度。我们或者在一个地方,得到水升的高度是二十尺,在他一个地方,得到水升的高度是三十尺,于是乎我们想水的高度,是本不一样的,是"无可无不可"的。我们若要安一个吸筒在井上取水,若是水面在三十四尺(英尺)以上,我们固然可以成功,若是水面在三十四尺以下,那么,我们就非失败不可。我们可以说,这是因为吸筒的不好,或是装置

---

①纪元前一世纪希腊数学家希朗(Heron)即知此事,见 Cooley, *Principles of Science* 所引。

②托利且理,意大利物理学家,即发明托利且理水银真空管的人。

的不得法,但这些说话是不相干的。我们从科学上说来,要在三十四尺以下用吸筒来取水,是根本上不可能的事体。所以我们不能怪吸筒的不好,或装置的不得法,首先要怪我们知识的不完全。

知识不完全的证据,第一就是不晓得水有一定的限度,第二是不晓得这个限度的原因在什么地方,换言之,即这一个现象和其他现象的关系是怎样。直到我们把一个现象所固有的

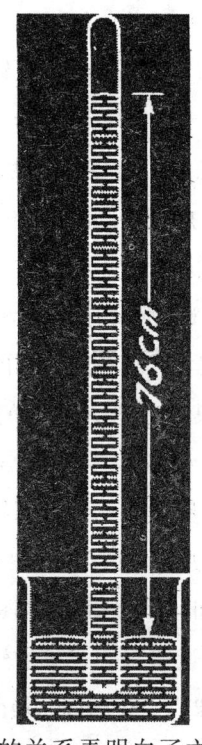

量度以及和其他现象的关系弄明白了之后,我们的知识,方才由常识而进于科学。我们晓得吸筒中水的上升,是由吸筒中的

空气被排成了真空的原故,但是我们若像中世纪的人一样,说"自然憎恶真空"(Nature abhors vacuum),我们仍然不算晓得水升吸筒的关系。我们须晓得吸筒中的水面失了空气的压力,而吸筒外的水却被地球上约一百五十公里厚的空气压了下去,直等到吸筒中的水所升的高度与筒外空气的压力相当,那水才停止不升了。这个空气的压力,据托利且理的试验,约等于水银柱三十时(或等于79厘米)。这个压力再换成水量计算,就约有三十四尺(水银比重为13.6)。

然则科学知识和常识不同的地方,至少有两点:(一)是确度,(二)是因果关系。

但是科学知识尚有一个重要的特性,是他能把各种繁杂的事实组织成一个简单的统系。譬如常识说:太阳是环绕地球,东出西没的。哥白尼说不然,地球是绕太阳而行的。这两个说法,单就地球与太阳而论,都没有什么不可以的。我们所以定要采取哥白尼地动的学说,而不用常识的地静说,是因为后者于解释天文上各种现象,有许多不便利的原故。譬如照旧来托勒密(Ptolemy)的学说,天体诸星中至少有两种运动:一种是恒星的圆运动,一种是行星的不规则的缠绕运动。不但如此,这些行者有时竟是退行,如火星;有时以太阳作中心而往来移动,如水星。这些现象,在旧式天文说上,都是极难解释的。他们为要解释这些现象,只好设想每一行星的轨道都是圆,但是这个圆的中心又围着地球成一个圆圈。换句话说,就是每一个行星的轨道都是环心圆(epicycle)。这样每一个行星要用许多圆圈来说明他,是怎样繁难的一件事体。①

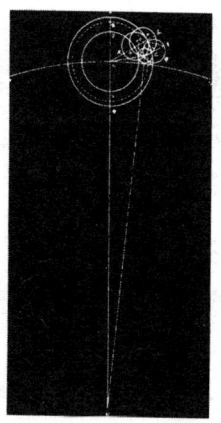

哥白尼把地球看作行星之一,使他和其他五个行星绕日并行,于是这环心圆的数目就由七十九而减到三十四了。②至于木星、火星的退行,金星、水星的以太阳为中心而移动,我们只要承认太阳是这些行星的公共中心,并且把他们的速度和距离

---

①清代康熙御制《历象考成》一书,关于五星日月的运行,有所谓本天、本轮、均轮、次轮、次均轮等名称,实际上即圆轨上假设的各种小圆。读者可参观《历象考成》上编"本天高卑为盈缩之原","最高行及本轮均轮半径","太阴四轮总论五星本天皆以地为中心"等篇。兹并将太阴四轮的图转载一个如左,以见一斑。如图,"甲为地日心,乙丙丁为本天之一派,丙为本轮心,戊己庚为旧本轮,辛壬癸为新本轮,己子丑为原均轮,寅卯为新增负均轮之圈……辰巳午为均轮……未申子为次轮……酉戌亥为次均轮"(图解皆见原书)。其运用方法,可观原书。

②见 Sedgwick and Tyler, *A Short History of Science*, p. 199。又按哥白尼虽发明地动学说,仍守旧来于行星的轨道都是正圆的话,所以免不了环心圆的解释。行星的椭圆轨道,乃是后来开普来(Kepler)所发明的。

连合一想,也就没有什么不明白的所在了。①

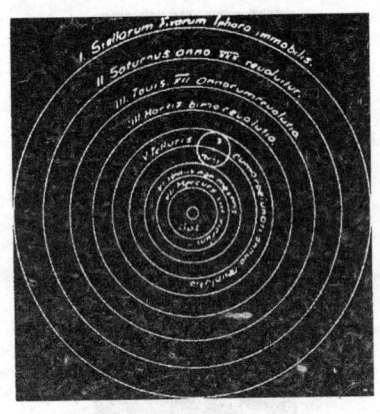

综合上面所讲的,我们可以说科学知识与常识不同的地方:(一)是他的精确程度,(二)是他的因果关系,(三)是他的有统系的组织。所以科学与常识,虽然不能绝对分开,却也不能说没有上下之别。赫胥黎(T. H. Huxley1825—1895)②有言:"科学是有组织的常识,科学家也不过是有常识训练的普通人。"我们恐怕大家把科学看的太神奇了,所以把科学和常识关系略为说明,现在还要把赫胥黎所谓有常识训练的普通人说明一下,那就是我们要讲的科学精神。

---

①参观张子高讲演的《科学发达略史》第六章。
②赫胥黎为十九世纪的英国生物学家,主张进化论及科学教育最力。 吾国严复译的赫胥黎《天演论》,乃其论文之一。

科学精神

科学精神就是常识训练,这个说来不免又使人疑怪。若使科学就是常识,科学精神就是常识训练,那么,科学和科学精神何以还那样难能可贵呢?这个话却又有些不然。我们说常识训练,是说这种训练不专属于某种科学,而为一切科学所应有。不但如此,这种精神,不但是一切科学所应有,即是平常处事,若就最妥当的办法而言,也应该如是。不过平常的人,是否人人都有这个常识,是一个问题罢了。汤姆生说得好,"我们说'去为科学'(Go in for science),就像说去为呼吸,或去为消化一样",因为呼吸与消化,是我们一刻不可离的。科学精神究竟是什么?据我们想来,最显著的科学精神,至少有五个特征:

(一)崇实 科学的结构是建筑在事实的基础上的,所以第一须确定所研究的事实。但是这不是一件容易的事体。我们上面已经说过,知识的成立有官觉和推理两个途径,但是这两个途径,都是常常引导我们走入迷误的。我们看见电影戏中人物风景都在那里活动,其实不过是一张一张影片的结合;我们听见百里雷声如连珠炮的响了一阵,其实不过空中放电的一个回音。这是就亲闻而言,至于因目病而眼光生花,因事隔而听他人的传述,其不易得事实,更不必说了。大抵耳闻目见之非实的,可以用推理为之矫正。如汉应劭对于俗说的燕太子丹为质于秦,天为雨粟,乌白头,马生角云云,即为之说云:"丹自为其父所戮,手足圮绝,安在其能使雨粟其余云云乎?原其所以有兹语者,丹实好士无所爱悋也,故间阎小论铪成之耳。"①"天雨粟,马生角"等云,显然不是事实,是容易辨白的。还有表面上是事实,而实际非事实的,也唯有靠着推理,可以证明。我们再引《风俗通义》的一段为例:

> 汝南南顿张助于田中种禾,见李核,意欲持去。顾见空桑中有土,因殖种,以余浆灌溉。后人见桑中反复生李,转相告语。有病目痛者,息阴下,言李君令我目愈,谢以一豚。目痛小疾,亦行自愈。众犬吠声,因盲者得视,远近翕赫,其下车骑常数千百,酒肉滂沱。间一岁余,张助远出来还,见之,惊云:"此有何神? 乃我所种耳。"因就斫也。

这可见桑中生李,虽是事实,而实际上桑中无生李的可能,却是常识可以判断的,不必待张助回来,才能把李神推倒。我们引上面的两段,是要证明科学家的崇实,正是常识中应有之义,不过有常识的人太少,遂让科学家独步罢了。

但是科学家崇实的精神,决不如此简单与粗浅。科学家对于官觉的错误,固然要用推理来纠正,而推理有错误,又不可不用官觉来纠正。盖用推理的结果当事实,是科学精神所不许的。瓦勒斯(Alfred Russel Wallace,1823—1915)②在他的《生存

---

①见汉应劭著《风俗通义》。
②瓦勒斯为英国的生物学家,与达尔文同发明天择物竟的天演学说的。他的 World of Life 一书,吾国已有译本,即名《生物之世界》。

的世界》(The World of Life)书中有一段说明事实与推论的分别。他的说话大略如下：

  赫立角兰岛(Island of Heligoland)的灯塔,最适于观察鸟的飞徙。有一个人名盖特克(Gatke)的,曾在那里观察了四五十年。他所记载的事实,是幼鸟于迁徙时先到此岛,老鸟在一二星期之后方到。这是一个事实。但从这一个事实,他们又推出一个事实,说幼鸟的迁移在老鸟之先,且不与老鸟一同飞行。年年如是,于是他们觉得这真是不可解的事实了。

  瓦勒斯说:"我对于观察所得的事实,固加承认,但由推论所得的,则完全否认,因为他们绝对没有证据。"他以为,据席波姆(Seebohm)的记载,经过此岛的鸟,数目极多,真是不可胜数;但必定要晦黑的天气,在这灯塔的光中,才能看见鸟飞。天气一晴,或星月朗照,那经过的鸟群,立刻高飞入云,可闻而不可见了。

  瓦勒斯以为照这样说来,幼鸟先飞之说,并不能成为事实。至于观察上只见幼鸟,则有几个解释。(一)每年秋间鸟的飞徙,幼鸟约占三分之二。但是幼鸟初试长途飞行,缺乏经验,又形体孱弱,易感疲乏,所以一见灯光,便以为陆地到了,下来休息及觅食。老鸟和强壮的飞得较高,看不见灯光,所以不曾下落。(二)鸟群经过陆地的飞行愈长,则幼鸟为鸷鸟所攫食也愈多。最初两星期的鸟群,是由近海的地方来的,未经过鸷鸟房掠,所以幼鸟独多。(三)最初几星期,时期未迫,有经验的老鸟,遇恶劣天气,便不肯飞行。惟有幼鸟既不知选择天气,又容易疲乏,所以晦黑之夜,独有幼鸟下落休息。自后时期渐迫,老幼各鸟,均非飞徙不可;所以天气一恶,下落休息的,也老幼并多了。这些理由都可说明上面的特别现象,而幼鸟先飞的不成事实,也自然明白了。

上面所举的几个例,可以见得在一切自然或人为的现象之中,要求一个真实,是不容易的事体。科学家既以事实为研究的基础,则以崇实为第一重要,也是当然的态度啊。

(二)贵确　　上面所说的"实",是指事实;此处所说的"确",是指精确。但有事实而无精确的了解,是不中用的。斯宾塞尔说,常识与科学知识之分,就是一个是定性的(qualitative),一个是定量的(quantitative)。科学始于度量,有了度量,然后才有科学。例如我们有温度计,然后有热的科学;有气压计,然后有气象学;有量时、量距离、量力的方法,然后有重力学。我们的官觉,如嗅觉、味觉,因为没有度量的方法,所以不能成为科学,而视觉和听觉的一部分是可以度量的,所以有音学、光学。[1]这可以见得精确与科学是不可分离的两件事体。英国的近人福斯特(Sir Michael Foster)有一段话,颇能代表贵确的精神,他说:

常人及非科学家以"大概""差不多"为已足,自然是从不这

---

[1]此处所引,见斯宾塞尔的论文 *"On the Genesis of Science"*,系就大意概括引之。

样的。在自然界中,两件相异的物件不得称之为同,即使两个的差异不过千分之一厘克,或千分之一厘米。若人把平常处事的方法拿到科学领域中去,想他处理自然的差异,可以与自然的自处不一样,他就要晓得自然必不容许;他若不注意或看不到极微小的差异,就更失掉自然给他导引到宝藏的引线。他就要走迷了路,以后他越用力前进,将要离他的目的地愈远。①

至于贵确精神的实行,我们可举化学家兑维(Sir Humphry Davy,1778—1826)的水之研究为例。②当兑维的时候,用电解法分水所得的结果,除氢氧二气外,阴极常呈酸性,阳极常呈碱性。是时法国学者已唱水中唯含氢氧二气之说,其酸碱等性,概属于外来的不纯物。兑维想用实验来证明,初用动物薄膜连结两玻璃管盛水通电(1),得酸碱性如故。他疑酸碱是由动物膜来的,于是易以洗洁之棉(2)。此时所得,为少量的硝酸,而碱如故。他晓得酸的大部分来于动物膜了,但是又疑碱是由玻璃来的。他于是以玛瑙环代玻璃(3),而得酸碱如故。又以金杯代玛瑙(4),而得酸碱仍如故。而这个时候,常人将以为酸与碱属于水无疑了;然而兑维不然,他转而注意所用的水。他疑心所用的蒸馏水,有泉水混入。于是蒸发所用的水,将其滓加入试验水中(5),发见酸与碱的增加相为比例。这时候似可以决定酸与碱为水中的不洁物了,兑维却又不然。他又把水蒸馏三四遍(6),再行试验,得酸碱复如故。此时在常人必定觉得失

---

① 见汤姆生 *Introduction to Science* 第一章所引。
② 参观《科学名人传》中的《兑维传》,中国科学社出版。

望了,而兑维复不然。他再试验碱性物,晓得不是固体的,而为发挥性的安摩尼亚(ammonia,或作氨),与前此所得的不同。于是晓得从前的碱性物,得于玻璃与玛瑙,现在的得于空气,兑维乃置试验的水于抽气筒中,把空气抽尽,乃以氢气代空气,继续多次,至筒中无空气痕迹而止(7)。于是再通电流,水中酸与碱之性质,乃不复见,而水中仍含氢氧两素之说也从此完全决定了。

（三）察微　我们此处所说的"微",有两个意思:一是微小的事物,常人所不注意的;一是微渺的地方,常人所忽略的。科学家对于这些地方,都要明辨密察,不肯以轻心掉过。关于留意微小的事物最好的例,我们可以举盖理略(Galileo Galilei, 1564—1642)①因见礼拜寺灯的摆动而悟钟摆(pendulum)的原理。相传盖理略幼年的时候,在批萨(Pisa)的大礼拜寺,看见悬灯的摆动,无论动的路程大小,他的一往复的时间,总是一定的。盖理略彼时没有钟表(我们要记得盖理略的摆动原理发明之后,才有发明钟表的可能),就用手上的脉息来做一个计算的标准。自后他就造出单简的摆动器来计算病人的脉息了。我们现在要说明的,是寺灯的摆动,乃人人所常见的现象,但一直等到盖理略看见了,才发见摆动的原理,这不过因为常人不注意微小,而盖理略能注意微小的事物罢了。

我们可再举化学家任默塞(William Ramsay, 1852—1916)②

---

①盖理略为意大利的天文物理学家,于物理及天文学上重要发明极多,今人多称为物理学的始祖。参观《科学名人传》本传。

②任默塞为近代英国的化学家,以发见空气中的稀有原素著名。参观《科学名人传》本传。

空气中氩素(argon)的发见,以证明科学家的察微精神。空气的组织,自经十八世纪恺文迭喜(Cavendish)、柏利斯力(Priestley)、拉瓦谢(Lavoisier)①诸人研究之后,一直到一八九四年,没有疑心于氮、氧、二氧化炭之外,尚含有其他物质的。但是由空气所取出的氮气,较之由安摩尼亚所取出的氮气,每一立特(即一立公升)重量之差,为一千二百分之六,即为千分之五。这个数目虽然很小,但在化学上,试验的差误,是不容超过万分之二的。当时英国的化学家雷累爵士(Lord Raleigh)曾注意及此,于一八九二年致书《天然》杂志(*The Nature*),言有人能指出这个相差的原因的,他当然非常感谢。任默塞得到这个问题,晓得镁最能吸收氮气,即用镁加热,把由空气取出的氮气加以吸收,剩下来不被吸收的气体,有特别的光带,就是新发见的原素,而命名为氩的。

空气中几个新原素的发见,在十九世纪的末年,颇轰动一时的科学界,但是此种的动机,乃是由雷累及任默塞察微的精神所造成的!

(四)慎断 科学精神的第四个特征,是不轻于下论断。人但晓得科学上的论断都是有根据的,所以也是准确的;却不晓得科学上论断的准确,都是从不轻于下论断得来。科学家的态度,是事实不完备,决不轻下断语;迅率得到结论,无论他是如何妥协可爱,决不轻易信奉。英国博鲁克(W. K. Brooks)有言:"能悬而不断,乃智慧训练的最大胜利。"汤姆生也说:"活动的

---

①以上三人的小传,俱见《科学名人传》。

怀疑(active sceptism)与贵确的性质一样难得。"①因为科学的唯一目的,是求真理;一旦下了论断,或承受他人的论判,便有蒙蔽自己的眼睛,看不见真理的危险。关于这一类的例,举起来也是很多的,我们现在略引两个重要科学家的言论于下,以见一斑。

地质学家赖耶尔(Charles Lyell, 1797—1875)②在他的《地质学原理》(The Principles of Geology)上,把地质学发达的经过加以叙述之后,说到自己所在的时候,他郑重的说道:

最后一个新学派出来了,他们宣告绝对中立;他们对于韦尔纳(Warner)和虎顿(Hutton)③的学说都完全不管,但专心勤勉的去做他们的观察。两派相争,各趋过度的反动,起了一个极端小心的倾向。凭虚结构的意见,既为人所轻视了,有些地质学家竟因恐怕人家误会他对于某派的成见有所偏蔽,故意的对于现象的原因上绝对不存意见,甚至对于有观察的事实为根据,无可致疑的结论,也要加以怀疑了……但是怠于理论的倾向,虽然太过一点,然而在这个时候,没有比把成立"地球的理论"的努力暂为搁置再好的办法了。此时所要的,是无数的新事实,而1807年成立的伦敦地质学会(The Geological Society of London)对于这个想望的目的,颇能帮助达到。他们的目的,只

---

①此处两个引语,俱见汤姆生的 *Introduction to Science*, p. 22。

②赖耶尔为十九世纪英国的大地质学家。他的《地质学原理》一书,于1830年出版,为十九世纪有大影响于思想界的科学名著之一。

③韦尔纳(Abraham Gottlob Werner, 1750—1817),萨克逊勒(Saxony)人。虎顿(James Hutton, 1726—1797),苏格兰人。两人皆于地质学的成立有大贡献。虎顿的地球的理论(Theory of the Earth),尤为地质学家所祖。

要增加和记录观察,忍耐地等着将来的结果。他们的常用格言,是说地质学普通统系的成立时期尚未达到,大家只能忍耐过几多年,专门搜集材料,以待将来的结论。他们照此原则行动,不变不乱。数年之后,遂令所有的成见都退归无权,而地质的一门科学,也就由号为危险或幻想的不名誉中而得救了。①

观上面所引赖耶尔的说话,这慎断的精神和地质学的进步大有关系,不言可喻了。其次,我们要引的,是赫胥黎的说话。大家晓得赫胥黎是宣传达尔文学说最有力的一个人。但他在达尔文的《物种由来》未出版以前,曾经怀疑过天演说。他同斯宾塞尔通过许多信讨论此事,但是他说:"就是我的朋友的希有的善诱和他的众多的巧譬,也不能驱我于怀疑地位之外。我的论据有两个要点:第一,到那时为止,关于种变的证据尚完全不充分;第二,凡曾经提出或行用的关于种变原因的说明,没有一个能够正确的解释这些现象。由现在回顾那时的知识的情形,我实在觉得没有一个别的结论是可以的。"后来《物种由来》出世了,于是他说:

"由来"一律,给与我们一个正在寻觅的工作假设(working hypothesis)。……在以得到真理为唯一目的的人们,他们唯一的合理的路径,是承认"达尔文主义"做一个工作的假设,看他能够出什么效果。他或者可以证明他有解释生命事实的能力,或者因为担当不起这个重担子而归于摧折了。②

---

①见赖耶尔《地质学原理》第四章。
②见 *Huxley's Life and Letters*, Vol. I, p. 168。

（五）存疑　慎断的消极方面（或者可以说积极方面）就是存疑。慎断是把最后的判断暂时留着，以待证据的充足，存疑是把所有不可解决的问题，搁置起来，不去曲为解说，或妄费研究。譬如物质的研究，由原子而电子，可谓精深极了，但是物质的起源是什么，却是一个不能解决的问题。他如生命起源问题，灵魂存在问题，都属于这一类。在哲学上斯宾塞尔把世间的事物分为"可知的"(knowable)与"不可知的"(unknowable)两类。科学的职任，在把"不可知的"范围渐渐缩小，"可知的"渐渐扩大，但是要把"不可知的"完全消灭，恐怕知识进化到亿万年后，也未必有这样一天罢！所以谨严的科学精神，决不肯说无所不知，无所不能，而必对于不可知的问题，抱一个存疑的态度。赫胥黎当他的儿子死后回答他的朋友金司勒(Kingsley)的一封信，颇足以代表这种态度，他说：

"灵魂不朽之说，我并不否认，也不承认。我拿不出什么理由来信仰他，但是我也没有法子可以否证他。……我相信别的东西时，总要有证据；他若能给我同等的证据，我也可以相信灵魂不朽了。我又何以不相信呢？比起物理学上质力不灭的原则来，灵魂不灭算得什么希奇事。我们既知道一块石头落地含有多少奇妙的道理，决不会因一个学说有点奇异，就不相信他。但是我年纪越大，越分明认得人生最神圣的举动，是口里说出和心里觉得'我相信某事某物是真的'……"①

达尔文晚年也自称存疑论者，他说：

---

①同书，p. 233。译文见胡适著《五十年之世界哲学》。

科学与基督无关,不过科学研究的习惯,使人对于承认证据的一层格外慎重罢了。我自己不信有什么"默示"。至于死后灵魂是否存在,只好各人自己从那矛盾而且空泛的种种猜想里去下一个判断了。

他又说:

我不能在这些深奥的问题上面贡献一点光明。万物源起的奇秘,是我们不能解决的。我个人只好自居于存疑论者了。①

以上所述的五种科学精神——崇实,贵确,察微,慎断,存疑——虽不是科学家所独有,但缺少这五种精神,决不能成为科学家。我们要说的完备一点,还可以把不为难阻、不为利诱等等美德,也加入科学精神的条目里去,但是一则本章所讲的话已经太长,二则这些美德越是近于常识,似乎凡投身学问事业的人,都是应该有的,没有特别申述的必要。

第五章 科学的目的

真理是什么

上章曾经说过,科学的目的在求真理,这句话是我们常常听见的,而且在乎常一般的时候,已觉这句话很可以作本章问题的一个满足答案。但是再回顾一想真理是什么,这个答案就立刻发生困难。我们晓得"真理"是什么的一个问题,在哲学界

---

① 见 *Life and Letters of Darwin*, Vol. I, pp. 277, 282。译文见胡适《五十年之世界哲学》。

中讨论了几千年,至今还不曾解决。既然如是,我们现在说科学的目的在求真理,岂不等于说科学的目的在那渺渺茫茫不可知之中吗?所以我们必须明白"真理"的解说,这个科学的目的在求真理的话才有意思。

哲学上真理的意义

从前哲学家对于真理的观念,有种种的不同。有的以为一切现象的背后都有一个实质的存在,我们的知识若是成了这实质的完全写照,那便是真理了(此即所谓"实在论")。①有的以为一切事物的实体,是不能知道的;我们所能得到的,是对于一切现象的观念。这些观念和实体是否一致,我们不得而知,但是在这一些观念中,却可以发明出一个调和的统系来,便是所要求的真理(此即所谓"观念论")。②这种说法,都是把真理看成一个绝对存在的全体,如像中世纪化学家所求的点金石一般,得了之后,一切问题完全解决;不得之时,所有的努力全无是处。无怪乎古来的哲学家,人人以为"智珠在握",而实际上真理是什么的一个问题,却总无法解决。

科学上真理的意义

科学上真理的观念自然和哲学上的不同,其最重要的两点:(一)真理不是绝对的,(二)真理是无所不在的。换一句话说,科学上的真理,不是说实际是这样,而是说大家见得这样。读者至此,必要疑问,科学真理不是共和政体,为什么大家见得是这样作准呢?这个和科学的根本性质有关系,须得详细的检

---

①②见第二章注一。

查一下。

第一我们要晓得的,科学是客观的学问,所以我们先要问科学的客观价值(objective value)是如何决定的?

凡事在我们个人心中,无论感觉到如何亲切,不能算是客观。拿潘嘉理(H. Poincaré)的话来说:"这个世界所以能保证于我们有客观的存在,是因为这个世界是我们和其他思想的人所共有的。我们和别人有了交通,从他们得到许多现成的推理,我们晓得这些推理不是从我们自己发生,而且承认他们可以有推理的工作和我们一样。因为这些推理,和我们的官觉世界没有什么不合式的地方,于是我们可以推论这些有理性的人所看见的东西,和我们看见的一样,因此,我们晓得我们并没有做梦。"

"所以客观性的第一条件是:凡物之为客观的,必定在许多心中为共同的,而且是能彼此移与的。又因这个移与必待交通而后成功,……我们可以得一个结论:没有交通,没有客观性。①"

照上面潘嘉理的话说来,科学的客观性,原是由用思想有理性的人们彼此交通、移与而成立的,所以我们说科学的真理是大家见得是这样,乃是由科学性质上得来的结论,并没什么可怪。

其次要问科学的真理是什么?再拿潘嘉理的话来说:"他人的官觉(sensation),在我们完全是一个闭绝的世界。我们没有法子能够证明我所认为红的官觉和我的邻人所认为红的官

---

① 见 H. Poincaré, *the Foundation of Science*, pp. 347—348。

觉是一样"。

"譬如有一颗樱桃和一朵玫瑰花,在我的官觉为A,而在他的官觉为B;反之,一张叶子,在我的官觉为B,而在他的官觉为A。我们对于官觉的本体,是绝对不会知道的;因为我叫A为红,B为绿,而他叫前者为绿,后者为红。但是有一件我们觉得满足的,就是樱桃与玫槐花对他和对我所发生的官觉是一样的,因为他给一个同样名字与他的两个官觉,我也做这一样的事体。"

"所以官觉是不能移与的,或者再进一步说,凡官觉中的纯质(pure quality)都是不能移与的,而且是永久不能钻研到的。但是在官觉的关系(relation)上,就不是这样。"

潘嘉理再加以推论说:"凡不能移与的,都没有客观性,所以只官觉间的关系,能有客观的值。"他于是再进一步说:"科学是各关系的一个统系。"(Science is a system of relations) ①

如果科学是各关系的一个统系,那么,这个统系就是科学的真理吗?若果如此,那真理还有什么标准,也值得拿来做目的吗?

我们对于这个疑问的答案,是说:科学用不着问绝对真理是什么,自己一样的可以前进去做他的工夫,而且一点也不觉得有什么不方便。一件事体能够求出他的真关系,就是一件事的真理;今天的真理,能够经得起各种试验,就有今天存在的资格。若是明天有一个较大的真理发见了,使我们今天的真

---

①见同书 pp.348—349。

理觉得有些不满足,那么,明天较大的真理,自然会满足明天的需要,我何必为今天的抱杞忧呢?

综上面的说话,我们要说明的只是两点:(一)科学的真理不是绝对的;(二)科学的真理是无所不在的。经过这个说明之后,我们觉得真理这个名词简直可以不用,老老实实的说,科学的目的,在发见事物关系的法则。

我们晓得在科学里面有许多单简而且重要的说话(statement),他们表出的形式极其单简,但是他们包含的意思和适用的范围,却极其深远广大。譬如化学上物质不灭之定律,物理学上能力不灭之定律,牛顿(Isaac Newton,1642—1727)[①]的引力定律,都是这一类最好的例。我们单拿引力定律来说,他的说法是:"凡两物互相吸引的力量,与物体质量的相乘为正比例,与物体间的距离为反比例。"再拿公式来表明他,就是

$$f = Gm \times m'/d^2$$

这个公式可谓简单极了,但是他所包含的事实,却极其繁复;从地球上物体的下坠,地面上潮汐的发生,以至天空中星球的运行,无不可据以说明。科学上的定律,虽然范围性质各有不同,大概都是这一类。这种定律在许多科学书中,又称之为"自然律"(The Law of Nature)。科学目的所要发见的,就是这个东西。

照上面的例说来,所谓科学的定律或自然律,并非自然界

[①]牛顿,英国人,世界最大的物理学家。他的力学三定律和引力定律,为近世物理学、天文学的基础。

如人为的国家一样,制造了许多法律来管理一切事物现象。所谓"自然律",不过把事物的关系,单简的、完全的、无矛盾的叙述出来的就是。于是我们可再进一步,说科学的目的,在把事物的关系做一个单简的完全的无矛盾的叙述。

读者要问:我们讨论科学的目的,由求真理而发见事物的法则,由发见事物的法则而事物关系的叙述,这样每下愈况,卑无高论,于科学目的没有小识或误解之嫌么?对于这个疑问,我们要说明的是:(一)我们上面递次推论下来,由真理而法则,由法则而叙述,其实是一物而数名,并无什么高卑的分别。(二)我们因为不愿用真理这个笼统的名词,所以用"法则""叙述"等字来代替说明。

科学真理

倘若大家要把这个叙述成法则称为真理,亦无不可,不过要认明这是科学的真理就好了。明白了这一层之后,我们可以说关于事物的简单的、完全的叙述所以为科学目的的理由。

第一,我们晓得科学的职任,在说明事物的"何以"[1],而简单地完全地叙述,就是"何以"的无上要求。

第二,单简完全的叙述,是科学上最大最难的事业。汤姆生说:"单简完全的叙述,必须于事体一件不遗,必须于本身,于其他有关系的科学,于一切科学,乃至于一切经验的普通情形,不发生矛盾。"[2]皮耳生说,科学家先有概念,然后能把

---

[1] 参观本书第一章。
[2] Thomson, *Introduction to Science*, p. 40.

现象分类比较。"分类之后,他就可得到叙述关系及结果的公式或科学律了。"这个公式或科学律所包的现象愈众,他的说法愈单简,我们愈觉得他愈近于自然的根本定律。①

这种单简而完全的叙述,我们不举一个例,不能表示他进行的困难。现在再拿行星统系的发明作一个例,我们可以说,至少要经过了下面所举的十个阶级。

(1)最初人类对于星体运动的观察,是太阳东出西没。他的叙述,是说太阳由西边"落山",为地面的山所遮蔽,经过一夜之后,复由东边出来。这个叙述法,自然是不完备极了,但总可算是最早的单简叙述的企图。

(2)改良(1)的说话,说太阳由西方落下,经过地体之后,次日仍东方出来。

(3)由观察太阳和其他星体,都有变更位置的关系,于是说地在中央不动,太阳与其他各星,都绕着地球运行。此说所包括的现象,较(2)更多一些了,但是不完全之处仍极明显。

(4)由观察的事实渐渐积多的结果,于是早先的天文家得到一种结论,说太阳的轨道为一圆圈,一年一周。这个公式,比较第(3)的包括又更多了,而且他所叙述的现象,在当时也可算得精确。

(5)喜帕卡斯(Hipparchus)②的说话,说地球并不占据太阳轨道的中心(侧心圆说)。这种说法,可把太阳运动的不规则地

---

①Pearson, *Grammar of Science*, p. 96.
②喜帕卡斯为纪元前二世纪的希腊天文学家,即发明三角学的人。

方更为精确的说明。

(6)约三百年后,托勒密①说地球居中不动,太阳与月循圆形轨道每年绕地一周。其他行星的轨道也是圆的,其圆的中心又绕着地球成一圆形(环心圆说)。这个统系的全体,又同其他星体每日绕地一周。此即有名的托勒密统系,为学界所遵用垂千余年,直到中世纪之末,哥白尼②之说出现,方才被废。我们不能说托勒密的说法是错误的解释,我们只可说他想用单简的话来精确的叙述有限的现象,而未曾做到。

(7)哥白尼的说法,以为地球循轴自转,又绕日运行,于是居外环圆(如非侧心圆)的中心的,乃不是地球,而是太阳。这样一来,把许多的圆圈带着固定的星体都抛弃了,所以结果是叙述的单简和精确的增进。但是还有许多事实未能包括全尽。

(8)又约百年后,开普来(Kepler,1571—1620)依据了他的老师第谷·布纳厄(Tycho Brahe,1546—1601)的观察,才发见了行星的轨道是椭圆形,太阳所占的位置,乃是椭圆的焦点。开普来的有名的行星三律,不但说明行星的轨道,并且说明轨道的性质。③他这个叙述比以前的任何说法,都单简而精密了,但是只限于行星统系的叙述,所以还不算完全。再进一步,就是——

---

①见前章。
②见前章。
③开普来的行星三律,看见的尚少,兹译录如下:一、行星的轨道为椭圆形,太阳居其焦点之一。 二、以一直线连结行星与日,则在相等时间之内,经过相等的面积。 三、任何两行星(地球在内)绕地运行的时间的平方与他们距日的平均距离的立方成比例。

(9)牛顿的万有引力说。牛顿的万有引力说,可以应用于宇宙间一切物体。他和开普来的定律一样,是现象的叙述,但他越是单简,越是精确,而且包括的事件越是众多罢了。二百余年以来,牛顿的万有引力说,已为学者认为"人智能及之最大限度"①,不意二十世纪以来,又有安斯坦(Einstein)的引力新说发明,比较牛顿的引力说更为普遍而精确。所以我们若是要把行星统系的发明做一个"完全的叙述",应该以——

(10)安斯坦的引力新说为止。现在我们的叙述,既然无过于举例,安斯坦的学说,要待下章再讲了。

我们看了上面的例,可以见得一个科学律的成立,不过是人类理性对于某种现象不断的寻求一个普遍而精确的公式的表现。而且一个公式成立以后,常有被更普遍更精确的公式替换的可能。至于一种科学的真确与否的试验,除了拿公式所得的结果与实际的事实比较,更无别法。赫塞尔(John Herschel)说得好:"真理的伟大和唯一的特性,是他有经得起普通经验之试验的本领,在任何形式的公平讨论之后,仍然无变。"②

照上面所说,我们对于科学真理即是事实的完全叙述的意义,大约可以明白了。但是有人要问:如此则科学仅能叙述自然,于解释天地自然之谜,竟无所用,岂不令人失望?对于这一层,我们的回答是:就究极而言,科学原来不能解释甚么东西。如上面所说的万有引力说,可谓精密了,但是引力是甚么东西

---

①见 Pearson, *Grammar of Science*, p. 99 所引 Paul du Bois - Reymond 的话。

②见同书 p. 100 所引。

的一个问题,却无人能够回答。①科学对于生理现象,也有极精微的发明了,但生命的来源是甚么,也无人能知道,所以汤姆生说:"说科学解释了甚么,不如说科学不曾解释甚么,还较为确切些。"②但在有限范围以内,科学的确能够给我们许多解释,这是因为:(一)科学能把复杂的现象,归纳到单纯的观念;(二)科学能给我们因果的关系。这两层有略加说明的必要。

(一)由复杂而变为单纯,有许多时候可以看作一种说明。例如宇宙的物质非常众多,但化学把他归纳到八十余种原子的化合,就非常单简了。又如有机界的物体,我们看去,更觉棼然无数,现在知道他们不过是炭、氢、氧、氮几种重要元素的组合,就觉得单简了。再说物理学中许多声光热电的现象,也极其奥衍繁杂,我们把他还元到波动和能力的变迁上去,就觉得单简了。大凡一切现象的单简化,须先发见他的出现情形和历史,而结果使他归到一个已知的根本的观念上去,或至少可以使他和一个已知的事物相比拟,所以能有说明的效用。但其实还是事实的叙述。

(二)平常所谓说明,又大半指晓得一件事情的原因结果,而科学所叙述的关系,也正是指出他因果的关系,所以可以说科学说明了某种物事。例如一个弹丸何以能飞射伤人,因为有火药在后面驱使;火药何以能爆发,因为有机械的装置引起其中的化学变化。又如土中何以忽然生树,因为其中先有种子;

---

①照安斯坦的说法,并不承认有引力这件东西。引力的现象只是空间的一种性质。 详见下章。

②Thomson, *Introduction to Science*, p. 41.

茧中何以忽然出蛾,因为其中先有蛹,这些原因结果的关系是很明白的。不过我们现在要注意的,是科学上所谓原因结果,仅专就事情的先后次序而言,并不能说出什么"最初之因"(ultimate cause)。譬如弹丸的飞射,是因火药的爆发力,是我们所知道的;火药的爆发,是因化学的作用,也是我们知道的;但是硝石、炭、硫——或者说硝基甘油——何以有相当的配合,加以热或压力,就能爆发(即所谓化合力),这是我们所不能知道的。所以科学上的所谓"因",只是"有因之因"(caused cause),或又谓之"第二因"(secondary cause);那"第一因"(first cause)"最初之因",是科学所不能问及,而且也不必问及的。

因果关系,是科学上一个极重要的观念,我们觉得有略加说明的必要。上面曾说科学上所谓因果,系专指事情的先后次序而言,那就是说,有一种情形在前,即可发生某一种事形境状,而现在的事情境状,又是为在前的情形所支配的。科学上假定这种关系,是无论何时都存在的,就是所谓因果律。因果的意思,本来容易明白,但在平常却不免误会。现在要说明的约有两点:

(一)因果律中,不含有人的意志。平常人每每把自己的意志看做一切事情的原因。他举起枪来射落了一只鸟,他就要说,他射鸟的意志是因,而鸟的落下是果。但是科学的看法是不如此的。科学看见他举枪,扳机,火药爆发,弹丸飞射,鸟身受伤,飞行停止,垂翼下坠……一言以蔽之,看见许多动作的阶段。我们可以说上一段是下一段的原因,但是不晓得为什么要这样。意志的说法大约是补人一个"为什么"——就是"最初之因",那是不在科学叙述范围以内了。英哲学家约翰·米而（John Stuart Mill）说:"科学上的因,在本身亦为一现象,与任何物最初之因不相关涉。"米而所谓"最初之因",当然不是专指意志,然意志也是一个。

（二）是刚同上面相反,说世间一切事情既都为因果律所支配,那么,世界岂不成了一个冷硬的机械,还有什么活动的余地呢？关于这一层,我们要解答的,是因果律既然不过是先后一致的前例,当然不含有"强迫"的意思,既然不含有"强迫"的意思,有什么"前定""机械"的可说呢？复次,因果律既然不包括意志在内,正是与意志一个自由活动的地位。那就是说,你若是改变结果,须先从改变原因入手。至于意志究竟是否自由,那是另外一个问题,此处不必讨论,不过我们以为改变原因的原因,也不妨同在因果律之内,这是与意志的自由不相冲突的。

上面的话,说的抽象一点,恐怕读者不易了解,我们可任举一个例来说明。譬如中国三纲五伦之说,大家信奉了几千年,现在忽然发生了问题。这问题发生以后,当然有赞成的,有反对的。我们晓得那赞成的必定是受了旧传统说的薰染,他的原因很容易找出；就是那反对的,也必定是得了什么"新文化""新学说"的指示,决不是偶然脑经中碰出的见解。但在这两个不同的主张中,我们未尝不可以理性的研究,做一番选择的工夫,这就是我们所谓意志的自由。我所谓意志的自由,与因果律不相冲突,也于此可见了。你若说这个意志不算真正自由,那么,我要请问真正的自由意志是什么样子,恐怕结果世间上找不出这个东西罢！但即使世间没有真正自由的意志,而未尝不可有不同的主张,那么,所谓人的活动,也就未必因为因果律的关系而成了冷硬的机械。以上所说,本来与科学无关,因要解释误会,遂不觉多说几句。再说下去,就非本书的范围了,现在就此为止罢。

第六章　科学方法Ⅰ:理论方面

上章所说的科学目的,是各种科学所希望得到的一个最后结果,他可以说是各事物关系的完全叙述,或自然界的法则,或科学的真理。但是这些结果,如何才能得到呢？这显然在研究上应有一种特别的方法。这种特别研究的方法,用来发见科学真理的,我们叫做科学方法。

科学是人类智慧的结晶,科学方法也就是支配人类思想的方法。所以科学方法,实际上应该是论理学(Logic)的一部分,不过为人类思想发达和知识进化的程序所限,直到近代的论理学上才发见科学方法的位置罢了。现在为易于了解起见,我们拟从两方面加以说明:(一)是理论方面,(二)是实施方面。本章专讲理论方面,实施方面当俟下章论之。而理论方面,因为要给他一个逻辑的根据,我们可从思想原则讲起。

思想的原则

人类思想所以能进行并且能互相了解,因为他有两个根本原则。一是思想的普通性(universal),就是说,一个道理,对于我是真的,对于其他的普通人类,也必得是真的。譬如说,"二加二等于四","铁有磁性",这个说法,不但我个人心中见得如是,在一切普通人的心中也见得如是。设使我说二加二等于四,他说二加二等于五,再有第三个人说等于六,或等于任何数目,那末,我们还有甚么方法可以辨证是非呢?所以思想的普遍性,和真理的客观性有同一的意义。虽然各人用自己的思想得到真理,而真理是有客观性的,是出乎各人主观思想之外,而为一切具理性的人所认为同然的。

第二个思想的原则,是他的必然性(necessity)。这个原则,是说一个人用了思想有所判断的时候,不能得到任意要得的结论,而必须为他的一定途程所限制。这个必然性,是从其他已知为真的事实关系中得来的。譬如我们说"有生则有死",不能任意说火星行近地球,人就可以不死。又如说"饥则思食",不能任意的说过了明年甲子,人就可以不饮食。在论理学上,我们说凡一个结论必须有他的理由或前提。未经教育的人对于他所主张的言论,是举不出理由的,但是他仍觉得有他的必然性,而且把他自身和言论认为一体,于是你若加以驳诘,他便发怒了。在这种错误的思想中间,也还有必然性的感到,可见我们思想的路径,不是绝对没有限制了。

上面两个原则,是很普通的说法,不但在科学方法上应当承认,就是在一切思想的方法上,也是应该承认的。我们现在先看旧式论理学的应用。

旧式论理学——三段论法

旧式论理学的重要部分,就是所谓三段论法(syllogism),这是亚里士多德(Aristotle,387—322 B.C.)以来,直到中世纪之末,所认为思想的唯一方法的。他的形式,平常分为三段:(一)

是概断(又谓之大前提),(二)是特因(又谓之小前提),(三)是结论。举一个最常用的例,譬如说:

人是要死的;　　　　　(1)

孔子是人,　　　　　　(2)

故孔子也是要死的。　　(3)

在这个形式中间,(1)是普通的原理,是包括一切人的;(2)是人中的一个特例,而人是共有的,故又叫做"中词"(middle term);(3)是结论。大凡所有的推理,只要是根据理由以得结论的,都可以归纳到这个形式上去,而且用这个形式来表出的结论,都是人所不容易反驳的。关于这一层,我们要注意的,这种根据理由的推论,固然比绝无理由的主张或意见好,但是我们再看下面的一个形式:

凡当先生的是学者;

某君是先生,

故某君是学者。

他的形式虽然不错,他的推论,是否合于事实,就有问题了。再拿自然界的现象来说,就更为明显。譬如说:

行星的轨道必定是最完美的形式;

圆为最完美的形式,

故行星的轨道是圆的。

这可以看见前提若错,推论的形式虽然不错,他的结论也没有不错的了。我们现在可以见得旧式论理的用处和限度,有下列条件:

(一)他的用处,要提出一个主张或结果,必须同时提出所根据的理由,于辩论上易于得人的信服。

(二)他的限度,仅能将已知的事实或真理排成相当的顺序,以为辩论或推理之助,不能发见未知的事实或真理。

(三)即已知的事实或真理,靠了这个方法,也不能断定其真确或错误。

形式论理和实质论理

总而言之,这种论理方法所注意的,只是一个形式,形式对了,我们就得承认他推论的结果,至于他的实质如何是不暇问的。这种偏重形式的旧论理,我们叫他做形式论理。形式论理只能证明已知事物的合理,所以又可以叫做证明的论理(Logic of proof),但是我们人类知识的进步,不但以证明已知的事实为满足,并且要发明未知的事实及真理。要发明未知的事实及真理,当然不能专靠形式,而必须在实质上用功夫。这种论理和形式论理恰相反对,故我们可以叫他做实质论理(material logic),或发见论理(logic of discovery)。①这个实质论理或发见论理,就是科学方法的起点。

培根的主张

我们在第二章里曾经说过,欧洲文艺复兴以后,一般人心对于旧知识觉得不满足,而有要求新知识的倾向。在方法上说来,他们已经觉得旧论理不能适用,而有建设新论理的绝对需要。十六世纪的培根,就是主张最力,而且能实际建设这样一

---

①参观 F. W. Westaway, *Scientific Method*, Chap. Ⅲ, p. 172, 又 J. E. Creighton, *Introductory Logic*, Chap. Ⅱ, p. 25。

个论理的人。他的方法,大概说来甚为单简。他说:"我们若要于自然及自然律上得一点新知识,唯一的方法是跑到自然那里去观察他的自然动作情形。关于自然的事实,不能由论理命题或三段论法得来,我们若要晓得任何现象的定律,我们必须精密的、有系统的观察特殊的事实。有时我们并且要用了试验,逼着自然不能不给我们以我们所要的知识。照这样看来,知识起始于特殊事实的观察;亦唯我们施行了多数特殊观察,并加以精细的分类与排比,且注意反对的事例之后,我们才能发现他们的通律。在我们未由排比特殊现象以发见他们所共有的'形式'或原则以前,不可妄有假设和猜度。"①

培根这个求智的方法,在他的论理学名"新工具"(*Novum Organum*)②的书中曾详细讨论过。他这本书名 *Novum Organum*,以别于亚里士多德的《论理学》(*Organum*)。他这本书又名《解释自然的真法》(*True Suggestions for the Interpretation of Nature*)。他说:"知识与人类的权力,是同义的字,因为不明其原因,可以使我不能利用其结果。"因为这种知识的重要,所以不愿把发见的事体付之于机遇,而要创出一个方法来寻求。这种方法,就是我们现在所叫的归纳法(inductive method),而和这个反对的,我们叫他演绎法(deductive method)。

归纳法与演绎法

现在我们可把这两种方法分别加以说明。

---

①见同书 pp. 28—30。

②*Novum Organum* 系拉丁文,培根此书于一六二〇年出版,为近世讲归纳论理的始祖。

(一)演绎法　此种推理的方法,系由通则以到特例,那就是说,我们先有了已知或假定为真的事实或原则,再由这个事实或原则求出他当然的结果。上面的三段论法,是演绎法的一个例,而算术与几何学上推理,尤处处可以表示演绎法的运用。幼克里得的一部《几何原本》建筑在几十个界说(definition)和公理(axiom)上。我们只要承认了这些界说,于是以下的定理问题都可以迎刃而解。我们的思想,就像那计算的机器一样,只要我们把特殊的事件,归到相当原则之下,他自然一步一步的生出所要的结果来。这种推理方法,自然也很便当,而且重要,不过用于推理的学问,如算术、几何等等上,当然没有甚么毛病,若应用在经验世界以内,那据以为推理的原则,是否真确,就另外是一个问题了。

(二)归纳法　这种推理办法,恰与演绎法相反,是先有了特例,然后由特例寻出通则。因为培根是归纳法的创始人,我们就举他热的研究作一个说明归纳法的例。

培根的归纳法

培根研究热的方法,第一先把热的出现地方(特例)都举出来,即火焰、电光、日光、石灰加水、湿草、动物热、热汤、摩擦的物体等等。次把热所不在的特例,也举了出来,如月光,山上的日光,极圈里的斜光等等。再拿聚光镜把月光收敛起来,看有热没有。再用聚光镜试热铁、火焰、沸水等等。再次用散光镜在日光下看能减少其热与否。再次把所有热的个别特例都记录下来,如铁砧因锤击而发热,一个很薄的金属,若要继续打击不已,竟可发生赤热等等。

这些特例都举到了，于是我们须找出在正例里有些甚么要因；在负例里缺少了甚么要因；在变动的例里，有甚么变动的要因。据培根说，真正的归纳法是建筑在除去的办法上的。例如我们看见沸水有热，月光无热，我们可以说，热的重要性质是和光耀无关的。

但是在积极的通则未发明以前，归纳法不算成功。我们看了上面所列举的各个特例之后，可以说热的性质就是动，这是由火焰、沸水的形状，动的生热，以及火被压抑即熄灭等等情形生出来的假说。这个说法，自然还有许多应加修正的地方。但在这一层做到之后，培根竟可以为热下一定义说："热是扩充或收缩的运动，作用于物体质点上的效果。"①

培根这个例，大约可以代表他首创归纳法的时候是甚么用意。他这种列举式的办法，不但繁难，并且有时行不通，所以他虽然创了归纳法，自己在科学上并没有甚么贡献。现在我们要讨论的，归纳法是不是就在举例之中，而别无其他作用。

完全归纳与不完全归纳

有些讨论科学方法的论理学家（如揭芳斯 W. S. Jevons, 1835—1882）主张归纳法要把所有的例都检查过，能把所有的例都举到的，叫做"完全归纳"（perfect induction），不能全举的，叫做"不完全归纳"（imperfect induction）。②这种说法，是近来一般论理学家所不能同意的。这有两个理由：（1）有许多事情完

---

① 见 Walter Libby, *An Introduction to the History of Science*, Chap. Ⅵ。
② 参观 Jevons, *Principles of Science*, Chap. Ⅶ。

全举例是不可能的事体。譬如说鸦是黑的。我们可以举十个、百个、千个、万个乃至十万个、百万个黑鸦为例,但是我们保不住不看见一个旁的颜色的鸦。倘若看见一个旁的颜色的鸦,我们的归纳法就立刻坍塌了。(2)有的事情,完全举例是可能的,但举例的结果,只能得到他的总结,而不能得到通则。比如我们把全校学生的年纪都已调查过了,于是总结起来说,全校学生的年纪没有在十六岁以下的。这个说法,可以说是根据所有的特例,而且没有一个例外,但仍只可说是结果的表示,而不是归纳。

照上面的例说来,我们可以说"单简举数"(simple enumeration)(如上例2)和完全举例(perfect induction)(如上例1)都不能算是正当的归纳法。他的缺点,正是因为他不曾发见一个因果的原则,不能据已往以测将来。我们何以看见了成千累万的乌鸦,不能得到"鸦是黑的"一个归纳,因为我们不能发见黑色与鸦有甚么特别的关系。

归纳法的定义

现在我们若要替归纳法下一个详细的定义,我们可以说归纳法是由推度作用发见关系的通则。我们见了许多事例,在某种情形之下是这样的,因以推知一切事例在同样情形之下,也是这样的。或者说,在某种情形之下,某时所见为如此的,在同样情形之下,无论何时,都应该见为如此的。一言以蔽之,凡不用推度不能发见通则,由已知以推到未知的,不算归纳法。[①]要

[①] 参观 Mill, *System of Logic*。

了解这个定义的意思,我们可以用极常见的银币和鸟羽的试验来作一个例。试行这个试验,可拿一个小银币和一片鸟羽放在玻璃筒中,把空气抽尽,然后急速的倒转过来,让银币和鸟羽同时下坠。此时银币和鸟羽必定同时落到桶底,即他们落下的速度相等。从这一个事实,我们可以推度,若再用这两件东西或任意的两件东西,重做这个试验,他们的结果必定相同;我们还可以进一步说,除去了空气的抵抗,和其他阻碍情形之外,凡物体下坠,无论他的重量如何,他的速度总是相等。

这个归纳根据的只是一个试验,可为单简极了,但是我们物体下坠速度相等的定律,却是由这种试验发明的。(盖里略的有名批萨斜塔的试验,也与上举试验同一性质,但还逊其精密。)①要是一方面的论理学家主张"完全归纳",我们要问根据甚么理由,我们可以从事这种单简的归纳?

归纳法的根据理由

第一,我们假定所有的结果都是由相当的原因发生的。换一句话说,我们假定无无因之果,这就是科学上的因果律。

第二,我们说再行试验的时候,这两个物体或任意的二物体仍当表示同样的性质,这是根据科学上的"自然一致律"(law of the uniformity of nature)。这个定律的意思是说:一个原因或几个联合的原因,若是不为其他的原因或几个联合的原因所妨

---

①盖里略见本书第四章(注十一)。 因为要证明物体的下坠,并非重的速度大,而轻的速度小,盖里略于1591年拿了两个铁球,一个重一磅,一个重一百磅,在批萨城的斜塔顶上令其同时下坠。 这两个球竟同时坠地,于是两千年争执不决的问题,方告解决。

碍,常常生出同样的结果,或同样联合的结果。

第三,我们很明白的,是做这个试验的时候,我们先有一个目的在心中。我们心中先有的疑问:物体若单受引力的作用,他们落下的速度是不是相等?我们把玻璃筒中的空气排去了,除了引力之外,其余有影响于物体的东西,都屏除净尽(现象的离立),然后去看那唯一的原因——引力的作用。这种有计划,经过选择的事实,实际上就是经过分析的事实,由分析到归纳,乃是当然的顺序。

第四,我们还可以明白的,是科学的方法虽然大体是归纳的,却不能把演绎的方法完全屏弃不用。实际上演绎与归纳,正如车的双轮,鸟的双翼,同时并用,科学才能迅速进步。如第一所说的,先有疑问,然后设计试验,求得新事实来做归纳的根据。这个新事实,一面是"发见",一面是"证明",在方法上面已经带了几分演绎的性质了。

归纳与演绎得并用

总括起来,我们可以说,若把归纳法看做科学方法的一部分,我们固当有上面的种种分别;但是若把科学方法的全部都认为归纳法,那末,我们所争执的只在一切研究都从事实着手的一点,至于研究中的方法是归纳与演绎不能偏废的。

关于方法上的术语,每每因意义的不明嘹,以致误会误用,现举两个重要的加以说明。

(一)推度(Inference)。我们上面曾经说过,无论归纳演绎皆须用推度,推度也是由已知到未知的一种思想方法。现在我们要注意的,推度同证明虽然都要理由以为根据,但是推度不是证明。这是因为推度的理由就在结论之内,而证明的理由尚须有其他的保证或根据。换言之,推度是前进的思考(forward thinking),证明是回顾的思考(reference thinking)。譬如大动物学家居维爱(Cuvier,1769—1832),有人给他一个古兽的牙齿,他就可以告诉你这生牙齿的兽是甚么样的动物。这是因为牙齿和生牙齿的兽,原为一物,只要我们有了对于这个动物的知识,这个推度是没有甚么不可以的。但如达尔文说,有了猫才有苜蓿,那就非经他调查之后,晓得怎么样猫可以驱除田鼠,怎么样田鼠可以毁坏蜂房,怎么样蜂可以媒介花蕊使苜蓿繁盛,这个推论是不能成立的。总而言之,我们的推度,要以已经证明的事实为出发点,而不能自为证明,这是应该注意的。

(二)类推(Analogy)。类推是由特例推到特例,也是推理的一种。他的重要原则,是两件事体的相似,但是类推和譬喻不同。我们看见某种事体有些甚么关系和性质,因而推到与他同类的事体也有这些关系和性质。这种推度的方法,极其单简,所以人们常常喜欢用他。但欲免于错误,有几点应该注意。第一,我们要看据以类推的类例是不是事实。例如《抱朴子·论仙篇》以"雉之为蜃,雀之为蛤……田鼠为鴽,腐草为萤,鼍之为虎,蛇之为龙",为人可成仙的类推,不知雉之为蜃等等是否事实,尚待证明。第二,我们要看据以类推的类例,是不是有同样的关系。如《荀子·劝学篇》说:"冰取之于水而寒于水,青出于蓝而胜于蓝",拿来解释"学之不可已",是可以的。但是因冰寒于水,青胜于蓝,就推到学生过于先生,那就必定要发见冰与水,青与蓝,先生与学生有同样的关系而后可,实际上我们晓得这种关系是不能成立的。第三,我们要看在两个事例中的重要情形是不是相同。譬如我们看见月球上的情形,大概和地球相似:他也是天空的一星体,也受着太阳的光,也有山,有地,因此我们推想月球也有人类。但是我们也晓得月球上是没有空气的(就是有,也极稀薄),因为这个重要情形不同,虽然有其他相同的地方,月球中有人类的类推还是不能成立。

总而言之,类推的用处,在科学方法上仅可限于帮助解释及诱起假设等等;若靠了他来做推度的唯一理由,因为他根据的薄弱,就常常有陷于谬误的危险。这一层不但科学家应该注意,凡使用类推的人,都是应该注意的。至于施用推理,还有各种细则,如牛顿的三规[1],米而的五律[2],都可以备实际的参考。

---

[1]牛顿的三规如下:(1)唯真实的原因(即实际存在的原因)可用以解释现象;(2)解释现象时,于已有充足的之原因外,不必再求其他的原因;(3)在可能的范围以为,同样自然之结果,必归之于同样之原因。如人类与禽兽的呼吸,欧洲与美国的坠石,其原因总是一样的。

[2]米而的五律(Mill' Canons),见他著的 System of Logic 书中,兹略引如下:(1)求同(Method of Agreement)——是说设如在研究下的两个或两个以上的现象,只有一个情境是共同的,这个情景可以认为这些现象或然原因(或结果)。例如我吃了某某东西,无论我别的饮食如何,生活情形如何,天时如何,环境如何,总觉得不好。于是我可以认某种东西为我患病的原因,我就得避开他。(2)求异(Method of Difference)——是说设如在一个事例中发见研究的现象,在他一个事例中不曾发见研究的现象,这两个事例的情境,除了一个之外,完全相同;这一个不同的情境,可以说就是他的结果,或原因,或不能少的原因的一部分。例如亚拉果(Arago)研究磁针的运动,看见有一块铜板在磁针底下,磁针运动比没有铜板容易静止得多。他于是可以推度铜板是磁针静止的一个原因。(3)同异共见(Joint Method)——是说设在两个或两个以上的事例发见这个现象,其中只有一个情境是共同的;同时两个或两

个以上的事例中，不曾发见这个现象，而除了没有前次相同的情境之外，其他的情境无一相同；我们可以说那个情境就是现象的结果，或原因，或不能少的原因的一部分。例如我吃了某样东西，就患病，不吃某样东西，就不患病，那末，我疑心某样东西为病的原因就确定了。（4）求余（Method of Residue）——是说从某现象中减去其已知为某前引的结果的部分，剩余的现象必为其余的前引的结果。例如海王星的发见，是因为天王星的轨道，在所有已知行星影响之外，还有其他的扰动。天文家于是疑心于已知行星之外，还有未发见的行星。他们照着这个理论去寻觅，居然找到了这个未知的星体，就是海王星。（5）共变（Method of Concomitant Variations）——是说无论何时，若某现象发生特别变动，其他一现象也发生相当的变动，则某现象必为此现象的原因或结果，或彼此有因果的关系。例如置水银于极细管中，若四围空气温度略增，管中水银也就增加容积；反之，若空气温度降低，水银的容积也就减小。于是我们可说，温度增加为水银伸涨的原因。此处须注意的，共变法实在和求异法是一个性质，不过我们在此处不能用求异法，因为此处的现象，只能使他增减，不能使他消灭。

第七章 科学方法 II：实施方面

上面所说明的，是科学方法的理论，本章要说明科学方法的实施。科学方法的实施，即是一种科学成立时所经过的步骤。这个步骤，当然不是千篇一律，或一定不易的。不过在科学研究中间，我们可以看出几个重要的工作，是任何科学研究所不可少的，我们不妨拿来说说。

科学研究的步骤

研究科学的工作，我们可以分为八种，而各种各有他的作用。现在先为列表如下：

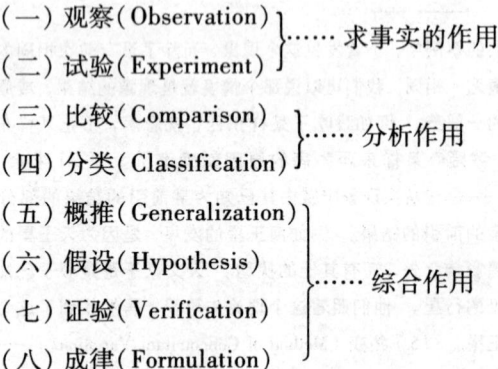

一、观察 ①

科学的事实,都是由官觉印象(sense impression)得来的,所以观察是科学研究的第一步。观察一有错误,那作科学基础的事实就不可靠,以后的种种工作,就好像建大厦于流沙之上了。观察虽是最粗浅的一步工作,但要得正确的观察,却不是容易的事。除了故意作伪和甘心受欺之外,我们应该注意下列几种错误的来源。

观察错误的来源

(a)生理上的来源　我们官觉的力量不但有限,而且常常会发生错误。譬如紫外线(ultra-violet)和红外线(infra-violet)的光是我们所看不见的;每秒钟颤动三万八千次以上、三十二次以下的声音,是我们所听不着的,这是生理上自然的限度。还有因为生理上通有的错误,如像电影中的风景人物继续活动,其实不过是一张一张的影片,上章已经说过了。又如管口喷水,看似一条直线,其实是许多水珠的连续;暗室中以火柱旋转,看似一个火圈,其实是一个火星的接联,都是这一类的现象。

(b)习惯上的来源　由习惯而来的错误,也可以叫做个人的错误,这种错误是比较的容易发见的。如有人作算学时,总会把9看做6,读英文时,总会把 kitten 念做 kitchen,看颜色时,以紫当做蓝,都是此类。

---

①关于观察及试验的讨论,读者可参观 Jevons, *Principles of Science*, Chaps XVIII—XIX。又王星拱编的《科学方法论》也可参看。

（c）心理上的来源　由心理上来的错误，又可叫做主观的错误，如忙时觉日短，闲时觉日长，重物下坠觉速于轻物，皆是此类。还有一种心理上的错误，就是培根所说的"人每记其所得而不记其所失"（Men mark when they hit, and never mark when they miss）。培根还引了一个故事，说明这种情形。他说在某处有一个礼拜堂，堂中都画满了因许愿而在破船中得救的像。有一个不信教的人来到堂中，就有人指着画问他，可不承认神的力量吗？他的答语是："但是那些许了愿而淹死的画像在甚么地方呢？"

免除错误的方法

要免除这些错误，第一，须有相当的训练。有了训练，所有的生理上、习惯上、心理上的错误，均不能陷害我们了。第二，须用仪器的帮助。有了仪器，我们观察不到的东西也可以观察了。例如有了望远镜，天空中光度在六度以下的星体都可以看见；有了显微镜，有许多微生物也可以察见，这是补助官觉的不及的。至于纠正官觉的错误，譬如靠了照相快镜，可以把管口射水分成水珠。即是一例。第三，须靠多数人的共证。培根说："人心就同不平的镜子一样，他所摄的影像，不能和天然完全相同。"然而镜子的不同，不必一律，有的甲处稍凸，乙处稍凹，有的乙处稍凸，甲处稍凹，所以观察结果以多数观察为准，不但能表示客观的真实，且可以容纳错误相消的机会。

二、试验

博桑贵（Bosanquet）说："试验是人力管理下的观察。"这是说,试验的目的,正是要观察所表现的结果,不过在人力管理之下,我们能把产生结果的各种情形为之增加、减少或废除,以便于观察罢了。譬如我们要研究放电的现象,若要等到空中放电方去研究,不但不方便,而且很危险,但在实验室中用发电机或蓄电瓶来研究,就容易了。又如要研究生物的变迁,若专靠天然界的观察,不容易得到所要的情形,而且所须时间也很长,若用家畜或种植来试验,可以随意布置,在短时间中得到结果了。所以试验实为观察的一部分,而可以补天然的不及。明白这个意思,我们在观察上所说的种种注意,在试验上仍然适用,是不待言的了。

试验与观察之分

有人拿用仪器和不用仪器来做试验与观察的区别,这也有些不然。譬如天文学家观测日星的行动,须用望远镜,但实际上还是观察。又如气象学家用雨量计风向表来测量风雨,但实际上还是观察。但天文家选择一定的空间时间以观察星的变位,气象学家登高山乘气球以观察气压的变迁,也可以说是试验。①这可以见得试验和观察的区别,不在仪器的用不用,而在用不用人力以改变观察的情境。

试验的情境

试验既然是人造情境底下的观察,那末,试验的时候,选择适当的情境最为紧要,因为与一个试验有关的周围情形是无限的。拿两木摩擦生热来说,和这个单简试验有关的情境有多少

---

①Jevons, *Principles of science*, pp. 400—401.

呢？木的形状、硬度、组织及其化学性质,摩擦的压力及速度,四周空气的温度、压力及其化学性质,地球的吸力与电力,摩擦者的温度与其他性质,太阳及天空的辐射,云中的电象以及天空星体的位置,都不能不计及,而且先天的也不能断定某事和摩擦的试验绝对没有关系。我们施行这个试验,要把上面的情境,——都实验过吗？当然不能。我们只有从经验上把无关紧要的情境——除去,然后可得最后的结果。

再拿摩擦的试验来说,在平常的时候,我们可以说,天空的现象是没有甚么可觉察的影响的。我们可以疑心空气和摩擦有关系,于是我们就在真空中试验,若是仍能生热,那末,我们可以说空气没有关系了,我们又可以疑心热的来源,由于周围物体的传导,于是我们可以设法使周围的热不能传导到摩擦体上,如兑维用冰来摩擦即是一例。照这样逐一的把似乎有关的情境都除去了,才能得到真正的结果,说热是摩擦能力所发生的。

选择试验情境时的注意

照上面的说法,试验的重要条件,在使其单简的明瞭,而除去无关系的情境,即是达到这个目的的唯一方法。我们现在且把关于试验上应该注意的几条规则列举如下。

(a)普通的无关情境之免除。有些无关的情境,是常常存在的,试验时不可不留意除去。如因历史无所不在的,因为地心引力特别的大,所以地球上物体相互间的引力每每可以置之不问。但是勃拉陀(Plateau)把一个物质放在比重相等的液体中,免除了地心的引力,表示他自己相互间的引力作用。又如法勒第(Michael Faraday,1791—1867)①试验植物胚子在颤动板上的情形,他看见这些轻微物质多聚于颤动最多的部分,而砂石之类则聚于颤动最少部分。后来他把玻璃罩中空气抽去,再行试验,才晓得这些轻微物质聚在颤动最多的部分,是因为空气颤动把他们带去了,于物质的本体是无关的。

(b)特别的无关情境之免除。有些情境在某种试验,常为人认为重要,而实际是无关的,不可不加以注意。如珍珠的光泽,昔人以为是由于他的化学成分,于是研究人都在发珠光的物质上做工夫;但是柏鲁斯台(Brewster)偶然用胶粉取珍珠的模型,发见模型的面上,也一样的有珠光,才晓得珍珠的光泽是由于他的表面组织,和他的本质是没有关系的。又如音的高度,完全由于每秒钟颤动的多少,和制造乐器的材料是没有关系的。

(c)免除和改变情境每次只限于一个。这个规则的理由很单简;因为两个情境同时改变,若得了结果,我们不晓得他是某一个情境或两个情境共同发生的;若不得结果,我们也不晓得是因某一个情境,或两个情境总计相消了的。譬如我们要试验氧气是不是生活的必要,我们燃烛在密闭的玻璃钟内,将空气中的氧气除去了,然后放一个生物在钟内。这个方法是不对的。因为钟内的空气,虽然少了氧气,却加了二氧化碳($C+O_2 \rightarrow CO_2$),即使生物死了,我们不晓得是由于缺少氧气,或是由于

---

①法勒第系英国大物理学家、化学家,发明电磁感应及电解原理,最为有名。

二氧化碳的存在。我们在这个试验中,若不用烛而用水银,由燃烧而得氧化汞,是一种固体,就不至于与气体相混了。

Hg + O = HgO

在我们离开试验的讨论以前,有一二点应加注意的。

(一)试验并不一定要繁重的仪器,常有极重要的试验,可以极单简的方法施行的。弗兰克林(Benjmin Franklin,1706—1790)①的风筝通电的试验,是人人所晓得的了。他的各种颜色吸热力量的试验,尤为单简,而结果亦极重要。用他自己的话来叙述,他说:"我把裁缝店作样本的布方取了几块。他们的颜色,有黑的、深蓝、浅蓝、绿、紫、红、黄、白等等。我在一个晴天早上,把他们铺在雪上。几点钟之后,黑的被太阳晒热,沉陷雪中,至太阳照不着的深;深蓝的也差不多沉到一样深度;浅蓝的不到那样深,别的颜色越浅,他沉下的深度越少。只有白的留在雪面,一点也没有下降。"他这个试验,何其单简明瞭,而且容易施行。虽然后来据李时列(Leslie)的研究,热的吸收与物质的表面组织大有关系,不专靠他的颜色,但是弗兰克林试验的价值并不因此减少。

(二)试验上负的结果,我们不应当忽略,但亦不可过于倚恃。我们都晓得物质的现象为我们官觉和仪器所不能觉察的,尚有很多。我们不能以试验所不见,即为其事的未尝存在。如法勒第试验感应电流,因有铜板的隔离,不见感应的结果,后来

---

①弗兰克林,美国人,政治家而兼科学家。美国独立后,从事政治,但颇有科学上的重要发明。

竟因此发明了铜和感应电的关系。但是由负的证据求结论,是最危险的事。达尔文自己曾经由负的证据得过一个结论,说某种兰花不分泌花蜜。但他有了这个结论之后,曾经继续的费了二十三天,去察验此花在各种天气、各个时间、各个地方的情形,并把各年岁不同的花加以各种刺激花蜜的试验。直到这些试验一律的给他负的结果,他的结论才算成立了。

三、比较

经过观察和试验之后,我们可以假定有了科学的事实了。我们对于这些科学事实,必须加一番分析的工夫,而后始有概纳的可能。比较的作用,在分析上最为常用,有时且用之而不自知。因为单独离立的事实,在科学上是无意义的,而要发见事实与事实的关系,必自比较他种种性质的同异始。譬如我们忽然发见一条鲸鱼,在稍知动物学的人,拿他来和兽类的性质相比较,说他是哺乳类的兽;在未受教育的人,拿他来和鱼类的性质相比较,说他是鱼。他们的结论虽然不同,但是总离不了一个比较的作用,而且他们知识程度的高低,就以他们比较作用的精密粗疏而分。这可以见得比较的重要了。

关于比较作用,我们应该注意的,是求事实的同异,不当计算同异点的多少,而须称量同异点的重轻。譬如鲸鱼与鱼比较他相同的点,恐怕比兽类还要多,但是他最重要的是胎生而且哺乳,只这一点,就把他的确的归入兽类了。

四、分类

由比较而分类,本来是一贯的事体,因为我们在比较的时候,已经先有归纳的观念了。不过比较仅是分类的预备工作,分类又为科学研究较高的程序。博文教授(Francis Bowen)说：

我们的心理组织所要求我们的第一个条件，就是把自然界的无限无边的富有，照着他们的类似与亲近点，分画为许多类或品级，使我们心能的理会力愈是扩大，就是牺牲一点精细的知识，亦所不计。这些精细的知识，只有研究事物的精蕴方可得到的。所以寻求知识的第一努力，必须向分类方面进行。分类不但是人类知识的起始，而且是人类知识的最终和总结。①

再看赫胥黎下分类的定义说："凡某项事物的分类，是说实际上或理想上把相同的排列在一起，而将不同的分开。他的目的，是要使对于记忆及认识这些事物的心理作用更为便利。"②分类的重要和职任，在这两个人的话中可以明白了。

现在我们讨论的，不是论理学上分类的法式，而是科学上分类的应用。科学上分类的方法，当然很多，如植物一门，有的依果子分类，有的依花萼分类，有的依花房分类，更有的依叶子分类。化学上元素的分类，可以照他的分子量，或照他的是金属或非金属，或照他的易见或难见，或照他的有用或无用。不过科学上的分类有一个原则，就是分类的结果，不但要表示各个物体某种性质的相似，而且要表示各种性质或彼此个体间的关系。前者是以一种性质为标准，有时又叫做人为分类法(artificial classification)；后者是以性质的全体为标准，而同时发见彼

---

①Francis Bowen, *A Treatise on Logic, or The Law of Pure Thought*, p.315, 见 Jevons, *Principles of Science*, pp. 674—675 所引。

②Huxley, *Lectures on the Elements of Comparative Anatomy*, 见 Jevons 同书 p. 676 所引。

此的关系,有时又叫做天然分类法(natural classification)。

天然分类法,虽然是科学分类的目的所在,但有时却不容易做到。例如林里亚(Karl Linnaeus,1707—1778)①的植物分类法,以植物的性官形状为根据,虽于植物的分类上有许多便利,但因他根据的只是一种性质,终不免为人工分类。又如化学上的周期律(Periodic Law),虽然是把所有的元素照分子量的次序排列,而每一类中,各种性质都有相互的关系。这种分类,可以说是近于自然,拿碱金属(alkaline metals)的一类来说,其中的钾(K)、钠(Na)、铷〔鉫〕(Rb)、铯〔锶〕(Cs)、锂(Li)五个元素,都同氧素容易化合,都能把水分解,而发生溶解于水的强盐基性氧化物,此物又与水结合而成碱,但加热则失其水,而仍为氧化物;其炭酸盐皆能溶解于水,每一元素与绿仅能成一种化合物。这样的一个分类,对于我们将来的推度有许多用处。譬如我们发现一种金属,他的性质有一两种与上面所说的极相近似,我们可以推度,其他的性质也大约相似。实际上化学家根据周期定律而发现未知的原素,正是应用这个道理。

五、概推②

科学的事实,经过比较与分类之后,我们须加以综合的推理,以期发明事物的通则。综合作用的第一步,就是所谓概推。概推是有两个意思:一是发现事物的相似点;因为由一个事例

---

①林里亚,瑞典植物学家,其植物分类法至今仍为人遵用。
②Generation 一字,王星拱的《科学方法论》中译作综合。我以为综合这两个字,太嫌宽泛,于原字的用意,不甚确切,故改译"概推"。"概推"的意思,看本文自明。

推到他一个事例,至少总要两个事例有些相似的地方。二是由有限已经考察过的事例推到较多未经考察而在同样情境下的事例。在考察各个已知事例的时候,我们不但认识他们的相似点,而且觉得我们能觉察同这些事例常常有关并决定这些事例的情境。这样的概推,我们可以说实在是预测的一种,不过这种预测,根据确固,他的实现的机会也极大罢了。譬如我们看见水银与水有气液固三种状态,而且就我们的经验上晓得我们加热或冷却物体的方法愈进步,物体的气化或冰结的事例也愈多,我们虽然不能把物质一一试验过,但可以很自信的做一个概推,说凡物质都有三个状态的可能。

实验律

这种概推的结果,自然是发见科学的定律,但是在研究还在幼稚的时代,我们的概推,不过是把已有的经验,做一个暂时的单简概括。这种概推的结果,我们叫他做实验律(empirical law)。譬如我们常常说的"月晕而风,础润而雨",山高则有雪,呼吸空气的动物都有热血,都是实验律的一例。科学上这种实验律的例,也非常之多。如化学上原子说未发明以前,那定比例的定律,也不过是一个实验律。又如物理学上凡两种金属所成的合金,其熔点皆较任何原金属为低,其硬度皆较任何原金属为高,也是一个实验律。

实验律与自然律的分别

实验律和自然律的分别,是实验律专表示实验的结果,而自然律兼说明现象的原因。①换一句话说，实验律可以说是自然律的一部分，他有了片段的真实，但还未达到完全的统系。我们对于事实必须先有相当的校正分类，使他成为最精确而有秩序的事实。在发见事实的原因之先，我们必须使这些事实清清楚楚呈现于我们面前，所以实验的概推，必须在自然律发见之前，是一定不易的。换一句话说，我们的概推，有先后精粗的不同；我们的知识愈增进，那概推的广大与精确也愈增加。上面所说的山高则有雪，是一个实验的概推，是粗浅的。但是我们晓得空气蓄热的定理和山高气薄的关系，所得的概推，便较为广大精确，便近于自然律了。

六、假设

照上面的说话，当我们进行概推的时候，我们的结论，常由狭浅的实验律而进于广博的自然律。在实验律的阶级，我们的知识是"知其然而不知其所以然"的。这个"所以然"，应该在更大更广的自然律上去寻求。但是倘若当时并没有已经发见的自然律可以满足我们这个要求，我们不妨想象一个定律，可以给我们的事实以合理的解释。这个想象的定律，就是假设。一般的，我们可以取米而的话："假设是任何设说（或没有实际的证据，或有证据而不够），我们用来引出和事实相符合的结论的。我们设说的时候，有一个定规，说若由这个假设引到的结论是已知的真实，那末，这个假设，自己也可以说是真实。"②

---

①此处所谓原因，当然指有关系的先例，参观第五章中之因果律。
②参看 Mill, *System of Logic*, Book Ⅲ, Chapter XIV.

假设的最好而最普通的例,是化学上多尔顿(John Dalton, 1766—1844)①的原子说(Atomic Hypothesis)。多尔顿因为要解释化学上的定比例和倍比例两个实验律,因设想物质的最小限度为原子;他的重量有一定;同物质的原子皆相同,但与其他物质的原子皆相异;两物质相化合时,由原子的相互间起作用。照这个假设的说法,不但定比例、倍比例的定律明白易解,而且所有的化学作用,都可以加以解释,所以后来的化学家便承认原子说是真的了。②

好假设的几个条件

假设既不过是一种方便的设想,那末,他的数目是无限的,是可以随时变换的。我们可根据下列的三个条件来判断假设的好坏。

(a)好假设必须能发生演绎的推理。这个条件的理由很简单,因为假设的用处,是要"引出和事实相符合的结论的"。设如假设不能发生演绎的推论,那末,事实的征验就成为不可能,假设的价值也就没有了。拿物理学上气体运动说(Kinetic Theory of Gases)来作一个例,这个假设说气体是由极小的分子组成的,而且这些分子自由运动,没有片刻的休息。这个说法,本来是关于气体压力的一种假设的解释。但是我们承认这个假设,

---

①多尔顿,英国的化学家,其原子说于化学发达关系极大。 参观《科学名人传》拙著《多尔顿传》。

②科学上的假设(hypothesis)与理论(theory)大有分别。 大约假设而经过证验,认为真确的,叫做理论或学说。 哈佛大学化学教师李嘉慈(Richard)常说:"如假设是一种猜度,理论就是一个最好的猜度。"化学上因为原子假设证验已多,所以不称之为原子假设,而称之为原子说了。

就可以由演绎上的得到鄢依耳的定律(Boyle's Law)和盖律萨克的定律(Gay-Lussac's Law)①,并且得到热是分子运动的推度;由热是分子运动的推度,我们得到在绝对零度(-273°)下,气体的分子运动即完全停止的结论。实际上,许多气体不到绝对零度时早已液化了。可见气体运动说的假说,和我们的第一个条件完全相合。

(b)好假设须不与我们已认为真的自然律相抵触。这个说话自然要有相当的限度,就是说,我们已发明的自然律,能限制我们的想象力到如何程度。但假设既不过是一种猜度,讲到他的价值,自然不能比已经证确的自然律,所以我们只可拿已知的自然律来作我们的向导,却不可牺牲已知的自然律来就我们的范围。如气体运动说,他所假定的原子,如气体的分子组织,弹力性质,自由运动等等,都与其他物理学化学的定律不相抵触。反之,如现在的灵学研究和鬼照相等,显然与物理学光学的原理相违背,姑无论事实的正确与否,即就假设而言,也是绝对不能成立的。

---

①鄢依耳的定律说:在温度不变的时候,气体的容积与他的压力成反比例,用公式表之,即 $pv = p_1v_1 =$ 常数;盖律萨克的定律说:在压力不变的时候,气体的容积与温度成正比例,用公式表之,即 $v : v_1 = t : t_1 = T : T_1$ ($T =$ 绝对温度)。联合这两个公式,我们得 $P_1V_1 = P_0V_0T_1/T_0$,令 $T_0 =$ 绝对零度,$P_0 =$ 标准气压,V_0 也成了一定常数,于是我们得气体公式:$pv = RT$。R 是气体的常数,我们可以说气体的压力与容积的相乘积与绝对温度成比例。绝对温度等于零时,气压或容积必定等于零。这个公式的导出法,是无论那本化学书都有的,读者可以参观。关于由气体运动说的公式导出鄢依耳的定律,读者可参观 Bigelow, *Theoretical and Physical Chemistry*, Chapter XI, p. 140。

(c)好假设必须所推得的结果与观察的事实相符合。譬如由气体运动说推出的结果,就有分散(diffusion)、吸收(absorption)等现象,这是和观察的事实相合的。假设的能否成立,全视其与事实合不合,所以这条最为重要。牛顿的引力定律,在假说的时代,因为和计算的结果不合,十二年不曾发表。①法勒第说:"世人不晓得研究家心中的假设,因与事实不合而摧拉毁弃的共有若干;就是最成功的,他所实现的希望暗示也不及十分之一。"这可以见科学家反对假设的态度了。

七、证据

证验是科学的最后判断。我们要判定某现象是事实非事实,靠的是什么?证验。我们要判定某假设的对不对,靠的是什么?仍是证验。所以证验在科学方法中,可以说是最为重要,一步不可离的。

证验必须是能共见能覆按的事实

现在我们要注意的,证验的凭据,必须是能共见能覆按的事实,而非偶然的或转述的言辞。这样一来,前面所说的观察试验种种搜集事实的方法,此处又用得着了。例如《抱朴子》引陈思王《释疑论》云:"……令甘始以药含生鱼,而煮之于沸脂中,其无药者熟而可食,其含药者终日如在水中也。"②这个事实,据陈思王说,是自己看见魏武帝令人做的,但是他太反乎常理,除非我们能人人施行这个实验,是不能相信的。又如我们

---

①参观《科学名人传·牛顿传》。
②见《抱朴子·论仙篇》。

看见近人太虚和尚所著的《订天演宗》论文小注中有一段说：

按章太炎作《原变》曰："亚洲之域,中国、日本、卫藏、印度有猕猴,其他不产。澳洲无猨,亦无反噬之兽。其无者,化为野人矣,有者,庸知非放流之族,梼杌穷奇之余裔,宅岫窟以御离彪者从而变形也。"余读《天竺》古志,述人群退化之事相甚详。谓生民之初,皆受天然之乐,寿长八万岁。每百年递减一岁。减极为十岁之时,性最凶恶,人与人相杀食。弱者逃入荒岫杳壑,食草而仅免。其时人形长不过二尺,土地硗确,穀麦麻桑皆不生,御寒以毛发,御饥以血肉云云。试默想其状,非即与猨类同乎？以证章君之说,盖亦想通。

这样以言证言的办法,在科学方法上是没有他的地位的。科学上的证验,其例甚多,我们随意引赫胥黎"天演的实验证据"讲义（Lecture On the Demonstrative Evidence of Evolution）数段于下,以见一斑。他说：

历史事实的出现,在我们证明他出现的证据,有很顽固的性质,使不能不承认其出现的时候,可说是实际证明了。现在我要讨论的问题,就是由化石遗骸所示生活形状的变迁的记录中所得到对于这样同类动物的天演的证据,是同意还是反对。……照天演说的原理所得的结论,是马类由具有五趾而且前臂及胫骨俱完全分立的四足兽演进而来；又此兽有四十四齿,其前齿与血齿的齿盖构造单简,后者逐渐增大,由前至后,而其齿盖则甚短。

设马类由此演进而来,其每一时代的遗骸又经保存,则我们必可看见一组的形体,其中趾数依次减少,而前臂和胫骨也渐渐成了马骨的形状。又牙齿的形状和排列法，也渐渐的和现代的马齿相近起来。

赫胥黎于是历述在欧洲美洲地层中第三纪第四纪的最新世(Pliscene)、中新世(Miocene)、始新世(Eocene)中所发见的马祖的化石遗骸，又把美洲所发见的列了一图，表明马类演进的痕迹。我们把这个图表转载如下：（据赫胥黎言，图中代表的各标本，现陈列在美国耶律大学博物馆中。）

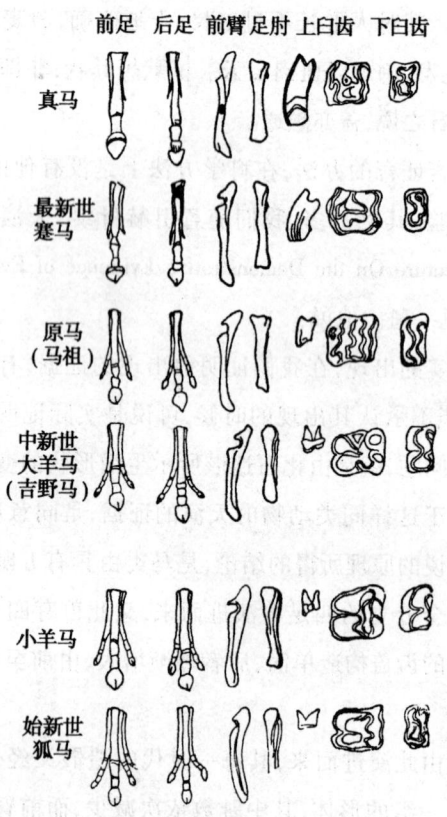

赫胥黎继续的说明道：

这些各种形体的继续，使我们从第四纪的顶一直到底。最初是真马。其次是美洲的"塞马"（Pliohippus），他的肢体比平常的马略有不同，臼齿盖也略为短些。其次则为"原马"（Protohippus），他为欧洲马祖（European Hipparion）的一种，每足有一大趾、两小趾，其臂与胫如上述。他比欧洲马祖更有价值，因为他没有欧洲马祖那些异点，大概欧洲马祖另是一支，并非此支的正宗罢。其次则为时间上落后的"大羊马"（Mishippus），他和欧洲的"古野马"（Anchitherium）相近。他代表三个完全足趾——一个大的中趾，两个小的侧趾，还有一个同人的小趾相当的遗迹。

欧洲纪录的马类统系，即止于此。但在美洲第三纪中，马类祖宗的统系一直继续到始新层去。在较古的"大羊马"形中，有叫做"小羊马"（Mesohippus）的，有三个前趾，一个似碎片的遗迹代表小趾，并三个后趾。他的挠骨、尺骨、胫骨、腓骨都极清楚，短盖的臼齿则为"古野马"形式。

但最重要的发现则为"狐马"（Orohippus），此物发见于始新世层中，为我们所知马类最古的族祖。他的前肢有四个清晰的足趾，后肢有三趾，尺骨、腓骨都很发达，而短盖的臼齿则为单简形式。

是故，以此等重要研究之赐吾人目前的知识，可以说马类演进的历史，正与天演说的原理所可预示的情形相合。而且我们所有的知识，可以使我们预料若在再下的始新层或白垩纪（Cretaceous epoch）中发见马祖的遗骸时，必定具有四个完全足

— 185 —

趾,一个最内的小指遗迹在前,在后足上或者还有一个第五小指的遗迹。①

若再古一点,足指的形式必定越加完全,最后我们可以得到一种五指的兽,为一切马类的鼻祖。若天演说具有强固的根据,这种发见是无可致疑的。

这就是我所谓天演说的实验证据。凡所有的事实与归纳的假设完全相合的时候,这个假设可以说是实际证明了。如无科学的证明,没有归纳的结论可以说是曾经证明过的。目下天演的学说建设在可靠的根基上,与哥白尼的天体运动说在他发表的时候一样。他的论理根据,性质恰恰相同——就是观察所得的事实,与理论上的要求相印合。

读者试把赫胥黎的话和太虚的话比较一看,就可以见得科学的证验,和平常所谓证验性质的不同了。尤其有趣味的,是赫胥黎及太虚所讨论的,都是天演的问题;但一个所用的是科学方法,一个所用的是非科学方法,所以他们的题目虽同,他们在科学上的举例,不知其有几千万里。

八、成律

科学方法的最后一步,就是把已经证明的事实关系综合起来,以最单简精确的文字或公式表出之。牛顿的引力定律是一例,达尔文的"适者生存"②(Survival of the Fittest)又是一例。这个新成立的定律,必须与事实相合,必须为完全无矛盾的叙

---

①与此相类的遗骸,随后遗迹发见了。

②按:"适者生存"乃斯宾塞尔的话,但他实能包括天择物竞的精义,而且容易了解,故此处用之。

述;其中包含的各因子,必须能受直接或间接的试验,最后,如皮耳生所说:"他的表现,是一切普通人心所认为同然的。"

自然律与人为律的分别

这最后一步虽十分重要,然综合上面七步看来,意思已极明白,似乎没有再加说明的必要,现在我们且借这个机会说明自然律与人为律的分别。原来用法律的律字来代表科学界所发明的天然规则或条理,是一件极不幸的事体。社会或国家的法律,有强迫执行的性质。我们在社会国家中,若不遵守法律,就有刑罚以随其后。自然界的规则,如饥则须食,倦则须息,过食则病,不洁则致疾等,与人为的法律有些类似的性质,所以我们就把法律的一个字混用起来了。其实自然律和人为律大大不同的地方,一个是自然界本有的条理,一个是社会上制裁的器具。若说两个是同类的东西,那就等于说我们能制造出一些法则来管理天然界的现象了,天下有这个道理吗?换一句话说,人为律是制造出来的,自然律是发明出来的。我们制造法律,其目的在约束社会的分子,所以法律定后,社会分子就有服从的义务(虽然法律不胜其弊时候,也有修改的必要)。我们发明自然律,其目的在解释天然的现象,若天然现象与我们的自然律有违反时,我们不能拿已有的自然律去绳他,只有在发明一方面再去做工夫,这就是科学研究所以日进无已,不能画地自封的原故了。

以上把科学方法的实施大概说明了一下。我们现在再做一表,以表示科学方法中各个的应用和关系:

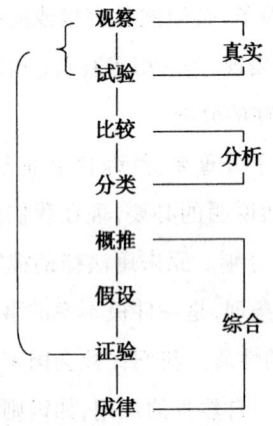

科学方法实施的具体成例

我们现在不能不引一个科学方法实施的具体成例以作本章的结束。

达尔文的天演学说,是科学史上一个永久的纪念坊。他的不朽著作《物种由来》是一八五九年出版的。但他的工作,却在一八三一年比格航行时已经开始。他在此次航行的时候,看见沿海各岛及大陆上所有动物都有一种关系,他们有些相似,但又不是完全相同。在现存的物种和已经澌灭及化石中所发见的,也有这样的关系。这是他用观察的起始,而物种可变的观念,已经在他的胸中了。他回到英国,就立意照培根的方法去搜集事实。他的《自传》说:"我照着真正的培根方法去工作,我不设一个假说,但大规模的搜集事实,对于家畜的结果特别注意。我发布印成的询问,与有名的畜牧家园艺家细谈,也尽力的博考书籍。"他在这个时代,如何的靠着试验来搜集事实,又可以想见了。既有了事实之后,当然须加以比较与分类,而达尔文工作的精密与有统系,是人人所知道的。在这个时候,当加以概推的作用了。达尔文自己说:"我不久就觉得选择是人工产出有用动植物的橐钥;但是这选择的方法,何以能应用于自然界的生物,我经过了好多时候,还不能明白这个奥秘。"一千八百三十八年的冬天,达尔文偶然读到马尔萨斯(Malthus)的《人口论》(On Population)①从前对于动植物长久的观察,又使他觉得生存竞争的剧烈,他于是得到了一个见解,说在这样情形之下,物变之适宜的将趋于保存,而不适宜的必底于灭亡。结果就是新种的出现。这就是达尔文解释天演作用的物竞天择的假设。达尔文自己说:"于是我终于得着一个工作的假设了。但是我很怕有成见羼入,所以我决定多少时候一个极短的节略也不要写。"②

此后达尔文的工作,可以说完全在证明这个假设的无误。他的第一篇笔记,在一八三七年七月开始,他的《物种由来》二十年后(1859年)方始出版,要是没有瓦勒斯同时发见天演说的事,恐怕他的出版还要迟些。③有人说,《物种由来》一书所以能

---

①马尔萨斯《人口论》为经济学名著,于一八一六年出版。书中大意言食物增加以算数级数,而人口增加以几何级数,所以生存竞争为人类不可免的现象。达尔文把他这个原理应用于一切生物。
②见达尔文《自传》。此处达尔文用 theory 来代替他的假设。我们为清楚起见,仍译为假设。此注已经说过,理论与假设,原来是二而一的,不过有程度之差罢了。
③瓦勒斯(A. R. Wallace)与达尔文同时独立的发明天择物竞说。一八五八年,瓦勒斯以所作论文寄达尔文,嘱为转送赖耶尔(Lyell)发表。达尔文读之乃与己作完全相同,因得赖耶尔的劝告,将已作的节略与瓦勒斯论文同时发表。

为天演学说开一个新纪元,不但是因为天择物竞的创见,乃是因为他例证的繁富而精当,可以使天演问题一决之后而无反驳,这个话是不错的呵!

第八章 或然与切近——科学方法的限度

或然的英文名词是 probability ①,切近的英文名词是 approximation。这两个字都是算术上的名词,但是他们于科学的性质都有密切的关系,所以我们于讲过科学方法之后,要提出来说说。

照上章所言,科学方法的特征,在根据事实,推求公式,所以科学的知识,必定是确实精密的知识。但是读者要问,科学方法——即归纳法——既不能做到所谓"完全归纳",我们有甚么理由说今天的太阳由东方起来了,明天仍旧会由东方起来,而且明天的太阳,和今天的是同一无二的。我们在第六章中已经举出自然的一致律和因果律作本问题的答解。同时我们也承认科学方法的限度,而在算术上面有相当的研究。研究明天的太阳是否仍旧会由东方出来一类的问题,就是或然的理论,研究明天的太阳是否即是今天的太阳一类的问题,就是切近的理论。现在当依次加以说明。

---

①Probability 又有译为盖然的; approximation 又有译为逼近的。此处用"或然""切近"两词,取其较为明白易懂。

或然的意义

或然的意思是甚么？当我们听见一种说话的时候，我们说这个话或许是真实。或想到一件事的时候，我们说这件事或许实有。当我们说这个话的时候，我们的意思觉得对于某事某话的真实不能确定，但是我们的心中有一种信念，觉得我们有承认他的可能。我们没有绝对的理由说某事的不可能，却也没有完全的根据说他一定可能。我们所有的，只是觉得承认的理由，比否认的理由多一些，强一些。反过来说，也是一样。因此，有些论理学家，如狄莫根(De Morgan)，所下或然的定义说："或然数的意思就是信心(belief)的度数。"又如董铿(Donkin)也说："或然是信心的数量。"但是科学方法论家的揭芳斯(Jevons)不赞成这种说法，他说："信心这个字的性质，在我的心中，并不比他解释的东西清楚。"所以他把"知识"来代替"信心"，说"或然的计算，是由我们知识的不充分而起始的"[1]。

事实的或然推测

任举一事为例。譬如一只汽船，在海中失踪了。于是关于这汽船的结果，就有许多可能的推测。有的说他碰着海礁沉没了，有的说他失火烧毁了，有的说他遇风飘到无人的海岛去了，有的说他被海盗捕捉去了，再还有说他碰着水雷炸沉了。这些推测，那一个的或然数最大呢？很明白的，我们关于海路的情形和船的性质所知的愈多，则断定此船失踪的或然数愈大。譬如我们晓得此船所行海道，没有礁石，没有海盗，没有水雷，那

---

[1] Jevons, *Principles of Science*, pp. 199—200.

末,这几种原因都可以不算。又如船行的时候,并非有风的季节,那末,风的原因也可以除去。最后设如我们晓得此船是运油或火药等物的,那末,我们晓得失火的猜度可能性较大。若再有人在海中发见烧余的烬片,那末,失火的或然数就更大了。照上例看来,我们可以明白两个意思:(一)是或然的计算,实际是我们的知识和愚昧的比较多少的测量。我们的知识越多,则知某事的或然性愈大。(二)或然性是属于心理的,并非属于事物的。如上面所举的汽船的例,我们尽管有许多推测,但汽船的失事,乃是一成不变的事体,原无所谓或然之数呵!

或然数的计算

关于数量方面的或然数,其性质又略为不同,盖此时我们不问一特殊事例的如何,而可统计其发见次数的多寡,以为其或然数。例如一个情境 A 曾经观察过一千次,而在七百次中都有 B 的现象随而发见。在上面的事例中,我们说 B 随 A 而发见的或然数为 $\frac{7}{10}$,就是说在每十次中 B 可以发见七次。此处要注意的,我们不晓得直接下次的结果是怎样。我们没有理由决定下次的 B 出现与否。我们所晓得的,只是把长久多数的事例统计起来,他的比例是 7 与 10,而且次数愈多,这个比例的实现愈加切近。

再拿抛一枚铜币为例,我们可以立刻说,币面出现的或然数为 $\frac{1}{2}$。此处的可能性有底面的两个,而且也只有两个。若是这个铜币的铸造是妥当的,我们没有理由盼望一面的出现比他一面多。自然,实际上铜币底面的出现绝对不能相等;因为铜币的形式两面轻重不一,或者抛上的力量略有不同,都可以使某一面的出现较多于他面。不过我们对于这些不一不等的地方,事前是没有察觉的,所以也没有理由盼望某一面多于某一面。"我们对于同等的事物要加以同等的待遇"①是或然数的一个原则。

再拿掷骰为例,每一面出现的或然数是 $\frac{1}{6}$。此时可能的机遇共有六个,而且每个都是相等的。统计多次的结果,我们可以说每一面的出现,和其他任何一面有同样的次数,即是全数的六分之一。再如一个口袋,装球二十个,三个白的,其余都是黑的,我们向袋拿到白球的或然数是 $\frac{3}{20}$。在这个时候,可能的机遇共为二十,其中的三个是特别有望的。一般的,某一事物的或然数,可以其全可能 P 为分母,以特别有望的可能数 n 为分子,以分数式 $\frac{n}{p}$ 表出之。设如其全可能数都是特别有望的,即 $p=n$,而 $\frac{n}{p}=1$,即或然数的最高限度等于确数。如在全可能数中无一特别有望的,即,$n=0$,而 $\frac{n}{p}$ 亦等于零,即是完全不可能,为或然数的最低限度。所以或然数的运用,就在 1 与 0 之间。

---

① 见同书同页。

关于几个不相倚赖的 ①事物相连合的或然数,我们可以各事物的或然数相乘而得。例如我们抛铜币两次(或以两铜币一次抛之,也是一样),而求其两个面子同时出现的或然数。我们晓得每一次面的或然数为 $\frac{1}{2}$,故两面同时出现的或然数为 $\frac{1}{2} \times \frac{1}{2} = \frac{1}{4}$。其实际情形,可以图表明之如下:

面面　　面底　　底面　　底底

同样抛铜币三次(或以三币同抛),则三面同出的或然数 $\frac{1}{2} \times \frac{1}{2} \times \frac{1}{2} = \frac{1}{8}$,四次则四面同出的或然数为 $\frac{1}{2} \times \frac{1}{2} \times \frac{1}{2} \times \frac{1}{2} = \frac{1}{16}$,以上类推。

以代数式来表示,设如一个事物有 a 的次数可望出现,b 的次数不能出现,且 a 与 b 都有同样的机会,则出现的或然数为 $\frac{a}{a+b}$,而不出现的或然数为 $\frac{b}{a+b}$。在算数上,$\frac{a}{a+b} + \frac{b}{a+b}$,而 $1 - \frac{a}{a+b} = \frac{b}{a+b}$。故若某事物出现的或然数为 p,则其不出现的或然数为 $1-p$。若 a 大于 b 时,我们说某件事物以 a 与 b 之比有望;如 b 大于 a 时,我们说以 b 与 a 之比无利。这种算法,就是保险公司成立的原理。

---

①所谓不相倚赖的事物,是说某一事物的出现与否,与他一事物的出现与否没有连带关系的。譬如地球上一个人的死活,与火星的近地球与否是不生关系的。但如我扳动枪机,发出弹丸,打死一人,这扳机的事和人死是有关系的。

实验与或然理论(与)切合

以上所讨论,皆就理论而言,实际上实验的结果也和理论相密合,这是很可注意的。我们下面引揭芳斯和卫斯特韦(F. W. Westaway)两人试验的结果为例。揭芳斯取十个铜币,作两组抛掷,每组抛1 024次,合计之为2 048次。此时可得10,9,8,7,6,……等币面的或然数,当然与十件事物10,9,8,7,6,……等组合(combination)之数成比例。故其结果可以表列之如下:①

抛掷的性质	理论上的或然数	第一组	第二组	平均	差异
10面0底	$^{10}C_0 = 1$	3	1	2	+1
9"1"	$^{10}C_1 = 10$	12	23	$17\frac{1}{2}$	$+7\frac{1}{2}$
8"2"	$^{10}C_2 = 45$	57	73	65	+20
7"3"	$^{10}C_3 = 120$	129	123	126	+6
6"4"	$^{10}C_4 = 210$	181	190	$185\frac{1}{2}$	$-24\frac{1}{2}$
5"5"	$^{10}C_5 = 252$	257	232	$244\frac{1}{2}$	$-7\frac{1}{2}$
4"6"	$^{10}C_6 = 210$	201	197	199	−11
3"7"	$^{10}C_7 = 120$	111	119	115	−5
2"8"	$^{10}C_8 = 45$	52	50	51	+6
1"9"	$^{10}C_9 = 10$	21	15	18	+8
0"10"	$^{10}C_{10} = 1$	0	1	1/2	−1/2

---

① Jevons, *Principles of Science*, p208, 和 F. W. Westaway, *Scientific Method*, P. 264。

卫斯特韦的结果如下表：①

抛掷的性质	理论上的或然数	第一组	第二组	平均	差异
10面0底	$^{10}C_0=1$	4	0	2	+1
9"1"	$^{10}C_1=10$	20	6	13	+3
8"2"	$^{10}C_2=45$	40	40	40	-5
7"3"	$^{10}C_3=120$	83	150	$116\frac{1}{2}$	$-3\frac{1}{2}$
6"4"	$^{10}C_4=210$	224	222	223	+13
5"5"	$^{10}C_5=252$	250	209	$229\frac{1}{2}$	$-22\frac{1}{2}$
4"6"	$^{10}C_6=210$	242	222	232	+22
3"7"	$^{10}C_7=45$	115	107	111	-9
2"8"	$^{10}C_8=45$	28	60	44	-1
1"9"	$^{10}C_9=10$	14	6	10	0
0"10"	$^{10}C_{10}=1$	4	2	3	+2

在这两个试验之中，每一试验铜币单次抛掷的全数为 $2048\times10=20480$，理论上其半数 10240 应为币面。实际上揭芳斯所得的为 10352（第一组中 5130，第二组中 5222）；卫斯特韦所得的为 10234（第一组 5098，第二组 5136）。可见每一试验实际的结果，都与理论极为切合。

----

① 10C₀ 以下各项，为代数组合式的写法，其公式为 $Cr = \frac{n(n-1)\cdots(n-r+1)}{r}$，例如 $^{10}C_2=\frac{10\times9}{1\times2}=45$，$^{10}C_3=\frac{10\times9\times8}{1\times2\times3}=120$。

或然数在科学上的应用

上面的引证,可以表示或然数的理论和实验的切合,我们对于或然数论理的应用,当无所用其疑虑了。但或然数在科学上的应用,其性质又微有不同。科学上的问题,大概是有如下例:设如有一件事体,在某种情境或一组的情境存在的时候常常发见,那么,下一次这种情境或这一组情境再行存在的时候,某事件发见的或然数如何？这种问题,以算式表之,其结果如下：

令这个事件已经发见的次数为 m,则下一次发见时的次数为 $m+1$,而下一次发见时的可能数为 $m+2$(因此事件或发见或不发见)。照上面所说或然数的原理,此次的或然数即为 $\frac{m+1}{m+2}$。这个公式的应用甚为明显。譬如太阳的东出西没,已经过了百万日,是没有改变的,那末,明天太阳仍旧东出西没的或然数为 $\frac{1\,000\,000+1}{1\,000\,000+2}$,差不多等于 1,这个或然数是极高的。但是我们若要推求以后百万日太阳的东出西没仍旧不改变,他的或然数就成了 $\frac{1\,000\,000+1}{2\,000\,000+2}$,差不多等于 $\frac{1}{2}$,这个或然数的等级就很低了。这是甚么意思呢？这可以说,我们知识的根基是以经验为本的,凡未经经验的推测,都带有几分或然的性质；但或然的度数,自 1 至 0,高低不同,或为 0.00……01,或为 0.99……。在功用方面说来,等级低的或然数等于不能,等级高的或然数等于必然,实际上还要以知识和经验为断。若使我们有完全的知识,那末,世间上的一切,都可以说是必然,而无所谓或然。拉勃拉斯(P. S. Laplace,1749—1827)说的好:"机遇(按即或然数)为不知原因的表示。"(Chance is merely an expression for our ignorance of the causes in action.)但在他处拉勃拉斯又说:"或然数是把我们的有用常识拿计算表示出来的。"(Probability is good sense reduced to calculation.)我们根据了或然数的理论,使我们对于将来的事情有一个合理的希望,同时又可以引导我们的行为,使最后的结果不至于发生过多的失望。或然数在科学上的应用如是,在一切人生问题的应用亦如是。

以上说或然理论的大概,以下说切近的理论。

切近的意义

照或然数的理论,科学方法的成立,本来就含有"切近"的意思。但是由科学方法所得的结果,就可算完全真实的吗?我们的答案是:"不然。"完全真实不过是理想上的事体,事实上我们所能得到的,不过是切近的结果。我们在第五章中已经说过,绝对真理非科学目的所在。此处所说的完全真实,虽然和绝对真理不同,但以为科学的知识就是完全真实,却不免与希望绝对真理陷于同样的错误。我们对于实验知识的种类、程度、价值,要有确实的了解,必须明白他的切近的性质。切近的理论,正是要承认这个性质,而同时对于真确的程度加以讨论。

实验知识不能达到完全真实的原因

我们实验的知识不能达到完全真实的地位,有三个原因:

(一)是天然界的现象,原因极其复杂,我们不能把无小无大的原因一齐收罗完全,方做一个研究。上章所说的摩擦实验是一个例,天文学上星体引力的计算又是一例。牛顿的引力定律说，宇宙间的每一物质，都有互相吸引的作用，其力量与物质的质量和距离为比例。照理论上说来，天空中无数的太阳系和我们的太阳系不能不有引力的存在，但是我们的天文学家定了一个悍然不顾的假设，说天空中万千的太阳系都与我们的太阳系无干，就是说至少不能发生可见的影响。即在本太阳系以内，引力的计算，也免不了切近的性质。我们假定行星都是完全椭圆的球体，而且面部是平顺的，内部是一律的。实际上，我们的地球是不是完全椭圆球体还是一个问题，而且他的面部有喜马拉亚的高山①，有石尾儿（Swire）的深渊②，他的内部有各种不同岩层组织。要是我们所住的地球还不能十分知晓的清楚，那末，我们何以晓得日球、月球和其他的行星都能如我们所假定呢？不但如是，即使我们的行星都是如理想中的椭圆球体，天文学家也不能的确算出他们的综合运动。平常三个物体同时作用，所生的结果，已经极其复杂，只有切近的计算可能。天文学家计算许多物体的方法，就是把他们每三个物体分为一组，而作为许多问题研究。天算上的原理，是略去不重要、于观察上不生影响的数量，而留下其大而可见的。我们可以说，略去的比留下的复杂，而且众多。近代的天文学家算是我们最精确的学问，但因为天然界关系的复杂，他的结果只能算术切近的，由上面的讨论可以明白了。

（二）是我们方法上的限制。有许多几何算术上的形体与

---

①喜马拉亚的最高峰，高二万九千零二英尺。 海洋学家说，印度洋面的水，近陆的高于海中，即喜马拉亚山吸引所致。
②石尾儿深渊，在太平洋西北部海底，深三万二千零八十八尺。

作法,只能存于理想中,而现实断难实现。如几何上的点,有位置而无大小,线有长而无阔,面有长阔而无厚,实际上都是没有的。又有几何学上内接或外切多边形的边数到了无穷大时,其面积即等于圆。这个切近的性质是极明显的,但是我们圆面积的求得,是用这个方法。又如微积分的计算,把任何曲线分为极小的部分,而后可用微分的公式去驾驭。这种计算所得的是切近数值,又不待言了。推之如物理学上种种理想的物体,如所谓"刚体""不能弯曲的杆""一致均匀的物质""完全的气体、液体"等等,都是实际上找不出来的东西,然则我们实际所研究的,都不过是切近的性质罢了。

（三）是我们所用仪器的限度。我们研究所用的仪器,纵如何精密,但事实上总有他的缺点。譬如我们的垂直线是拿铅锤的垂线来定的;但因为地面的形势和各种物体的引力作用,我们不能说铅的垂线就是完全垂直。我们的水平面是拿水银面作准的,但是我们晓得因为表面张力(surface tension)的作用,即在五寸宽的水平面中,他和真正平面的差为千分之一英寸。[①] 为时间标准的钟摆只在极小振幅以内,他的时间方才相等。而应用扭力的天秤(torsion balance),也要扭转的角度极小时,扭力才与角度成正比。依此说来,我们在研究物理、化学的时候,常说某量与某量相等,某量为某量的几倍云云,其上都不见得是完全如此的,都不过是切近的。

---

① 见 Jevons, *Principles of Science*, p. 461。

科学家对于切近的处置

以上三层,为实验知识不能完全真实的重要原因,现在我们要看科学家对之如何处置。

第一,将来的修正。我们晓得科学的试验,情境愈单简,成功的希望愈大(见前章),所以科学家不妨定一单简的假设,进行研究,而把精细的修正付之将来。揭芳斯说:"我们试一看科学研究史,就可见一个人或一个世代仅能做一步的工夫。一个问题,先以大胆假定的单简法试为解释。后来的研究家更以设定的修改,使他愈近于真实。前人的错误,继续的加以发见修正,以至最后无可再议。但是我们若下细的检查,总觉得有些微小的疏略应加以修正,不过要看我们推理的力量是否够大,并其目的是否有此重要罢了。"[1]关于这一层,我们可举气体的定律为例。鄱依耳的气体定律说,在温度不变的时候,气体的容积与压力成反比例。换一句话说,容积与压力的相乘积是一个常数,以公式表之,即 $pv = c$。但是后来的物理学家寻出大多数的气体,都不依照这个定律,特别的愈近气体液化温度,和这个定律的相差愈远。后来方德华(Van der Waals)把气体分子所占的容积和分子间的吸力加入计算之中,把这个公式加以修正,就成了所谓方德华方程式:

$$(p + a/v^2)(v - b) = RT$$

这个方程式应用起来,比鄱依耳公式与实验的结果相合的多了。

---

[1]见同上465页。

在这个方程式中，b 是气体分子所占的容积，不受压力的影响，故须从容积 v 里面减去。a 是分子间吸力，方德华算出他与容积的平方成反比例，其作用与压力相同，故须加入压力的数量中，其结果即得上式。若容积不加修正，pv 的乘积必太大；若压力不加修正，pv 的乘积必太小。若容积大压力小的时候，b 与数值比较的很小，又 v^2 很大，故 a/v^2 亦很小。这两个数值都可不计算，就是平常的压力定律（如第五图中的 AD 线）。但如压力增大，气体将近液化，分子间的吸力也就增大，于是气体将见为太易压缩，即观察的压力反而较应得的小了（图中 AB 线）。设如容积更小，b 比较的成了大的数量，于是将见为不易压缩，而压力必须增大（图中 BC 线）。在 B 点的地方，压力增大或减小的倾向正相等，此时的气体，恰好遵从平常的气体定律，但是我们可以看见，则不过是一个例外罢了。

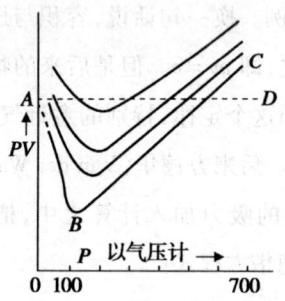

照上面的例看来，可见复杂的研究，常常可以假定的单简做一个起始，而随后加以各种订正。订正之中，又以各种情境的不同，发生数量的关系。现在我们再从算理上考虑切近的原理。

第二,算理上的考虑。无论何种科学,论到数量上,都是讲究此一数量与其他数量的关系。换言之,就是此一数量为其他数量的函数(function)。在算术上,凡一函数可以许多数量的总和表出之,而其数值,又以其可变数的继续方次而定。设如 y 是 x 的函数,我们可以说:

$$y = A + Bx + Cx^2 + Dx^3 + Ex^4 + \cdots\cdots$$

在这个方程式中,A、B、C、D 等都是有定的数值,但在各各情形之下,各各不同。他们可为零或负数,但必须是有定的。式中项数,可至无穷,或经过若干项之后,即不复有数值。X 是可变数,故可任为何数。假定 x, y 都是长度,而我们能够测量的长度为 $\frac{1}{10\,000}$ 寸。如 $x = \frac{1}{100}$ 寸时,$x^2 = \frac{1}{10\,000}$ 寸,又使 C 小于整数,则 Cx^2 已在我们所能观测之外,而 C 以下的各项,更将不能观测(除 DE 等为极大数),自不待言了。于是这个方程式,就成

$$Y = A + Bx$$

这个方程式是很单简的。设如 x 比 $\frac{1}{10\,000}$ 寸还小,设如他为 $\frac{1}{1\,000\,000}$ 寸,而 B 又非甚大,则 Bx 项亦可不要,于是 $Y = A$,并不依 x 而变了。反之,设如 x 比 $\frac{1}{100}$ 寸大——设如他为 $\frac{1}{10}$ 寸,而 C 不甚小,则 Cx^2 项亦当加入考量,这个定律就够繁复了。由此可见,定律的繁简,尽可由我们所择定的情形而定,而且我们的观察力愈增进,则定律愈趋繁复,而结果亦愈近于真实,这是一定不易的。

第三，仪器精度的增进。照上面的说法，我们的观察力愈进，则所得的结果愈切近于真实，所以仪器精度的增加，也是求切近的一个方法。我们上面虽然说了许多仪器本来的缺点，但我们能够达到的精确程度，也实在可惊。譬如我们平常所用的化学天秤，能秤到全量（100 克）一百万分之一。惠特渥斯（Whitworth）曾经量过百万分之一英寸。嘉尔（Joule）能观察温度的上升至八千八百分之一。三棱分析镜（spectroscope）可发见千万分之一克的原素，而用极高度显微镜（ultramicroscope）可察见 6μμ ①（μμ 为百万分之一毫米）的小质点。平常我们所想像的分子大小，约为此数的十分之一，即 0.6μμ 乙所以我们现在所能见到的微点，离分子已经不远了。在比格诺（S. L. Bigelow）的《理论化学》（Theoretical and Physical Chemistry, 1914）书中，载有一个度量比较表，极饶兴趣，我们把他译载如下：

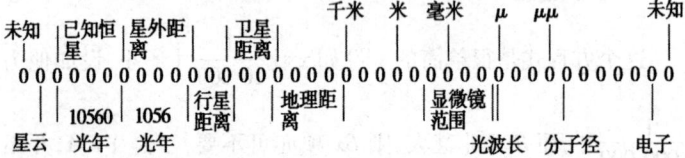

此表以米（meter）为单位，单位以上凡二十三位，以下凡十六位，都是我们观察或测量能到的地方，我们试验仪器的力量不大可惊吗？

---

① μ 为希腊字母，读如"缪"音。 光学上以 μ 代表千分之一毫米，μμ 代表 1000×1000 分之一，即百万分之一毫米。

总结上述两层——或然与切近,我们可以说,科学的有或然和切近的限度,是根据于自然的性质的,是我们所不能避免的。但就或然或切近的理论看来,我们于限度之中,仍能求出或然的根据,仍能推进切近的程度,则是科学精确的精神,即寓于承认限度之中,这是他种学问所不能有的。读者统观以上各章,于科学的性质和方法,当已有一个明白的了解,下篇当讨论科学的具体问题。

原著为《科学概论》(上篇),1926年由上海商务印书馆出版,但原计划出版的下册之中篇和下篇未能实现

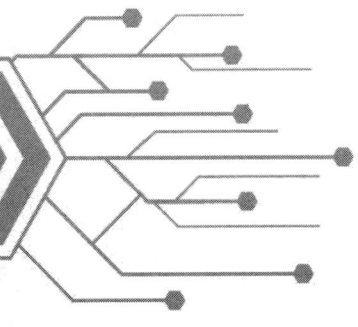

[第 三 编]
科学精神论

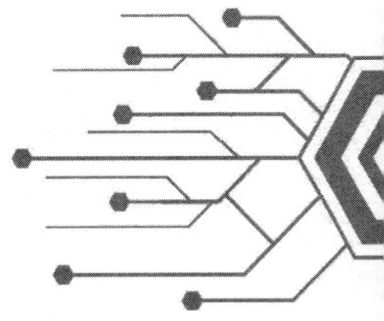

科学精神论

余曩作《科学与工业》《科学与教育》，既于科学之效用于实业与智育者，有所论列矣。既其陈效之如此其大且广也，待用之周也，成材之宏也，言学者孰不欲移而措诸亲戚国人父兄昆裔之中，与今世号称文明先进之国并驱争先，岸然自雄；而其事有非甚易者。第一，科学缘附于物质，而物质非即科学。见烛焉，燃而得光，而曰烛即光焉，不可也。其为物质者，可以贩运得之，其非物质者，不可以贩运得之也。第二，科学受成于方法，而方法非即科学。见弋焉，射而得鸟，而曰射即鸟焉，不可也。其在方法者，可以问学得之，其非方法者，不可以问学得之也。于斯二者之外，科学别有发生之泉源。此泉源也，不可学而不可不学。不可学者，以其为学人性理中事，非摹拟仿效所能为功；而不可不学者，舍此而言科学，是拔本而求木之茂，塞源而冀泉之流，不可得之数也。其物唯何，则科学精神是。

疑者曰："科学者，取材于天地自然之现象，成科于事实参验之归纳，本无人心感情参与其间，今言科学而首精神何故？"答曰：凡现象事实参验云者，自科学已始之后言之也。吾所谓精神，自科学未始之前言之也。今夫宇宙之间，凡事业之出于人为者，莫不以人志为之先导。科学者，望之似神奇，极之尽造化，而实则生人理性之所蕴积而发越者也。理性者，生人之所同具也。唯其用之也不同，斯其成就也异；唯其所志也异，斯其用之也不同。人唯志于好古敏求，于是乎有考据之学。人唯志于淑身治世，于是乎有义理之学。人唯志于文采风流，于是乎有词章之学。人唯志于干禄荣官，于是乎有制艺之学（今暂谓"制艺"为学）。近二百年来，西方科学盖占彼洲人士聪明睿智之大半矣。而谓彼方人士得之偶然，如拾金于途，莫或乞向而骤臻巨富，其谁信之。故吾人言科学，乃不可不于所谓科学精神者一考之也。

科学精神者何？求真理是已。真理者，绝对名词也。此之为是者，必彼之为非，非如庄子所云"此亦一是非，彼亦一是非"也。世间自有真理，不可非难，如算术上之全大于分，几何上之交矩成方，是其一例。而柏拉图言人性有阐发真理之能，即以教人推证几何形体为之印证①真理之为物，无不在也。科学家之所知者，以事实为基，以试验为稽，以推用为表，以证验为决，而无所容心于已成之教，前人之言。又不特无容心已也，苟已成之教，前人之言，有与吾所见之真理相背者，则虽艰难其身，赴汤蹈火以与之战，至死而不悔，若是者吾谓之科学精神。昔者欧洲中世，教宗驭世，凡宗教家说，人莫得而非难之也。且以教宗势力之盛，凡教之所谓是者，学者亦从而为之说焉。其有

---

①见柏拉图《问答》。

毅然不顾,摧神教荒唐之伪言以开人道真理之曙光者,则晚近数十哲人科学精神之所旁薄而郁积也。宗教家言,神造世界,人始亚当。天之生人,以事神也。神造世界,以为人也。而达尔文、沃力斯之徒曰否。人与世界同为天演界中之一物,世界始于星云,人始于猨猱。举为天演大力所陶铸,而非有真神为之主宰也。宗教家言,地体居中,静而不移,日月星辰,各有天使主之,使放光明于大地,而加里雷倭、牛顿之徒曰否。日月星球,皆随引力之律以成运行。凡诸彗孛飞流,丽天樊然者,吾皆有术以测其往来,而善恶之说无所容也。宗教家言,世间末日,转瞬即至,生是间者,但当以救灵魂为务,无庸及他。物质创于上帝,人勿得而推究之,有为之者,是曰测神,其罪不赦。而二培根①之徒曰否。非格物何以致知,吾当精吾归纳之术,极吾试验之能,以阐自然界之閟蕴焉。之数公者,自今日观之,皆具左右一世思想之力,举世皆知尊仰其人矣;而当其倡学之始,宗教斥为背道,社会诋为妖狂。如达尔文人始猨猱之说出,当时论者罪其没上帝生人之神功,而同人类于禽兽。洛纣·培根将试验化学,奥克斯福(Oxford)学生奔走骇汗,以谓恶魔出世,人无所安息。之数公者,幸则百难众艰,卒收最后胜利;不幸乃瘐死黑狱,身为膏炬。吾人今日望古遥集,馨香俎豆,岂特以其学诣之足邵〔卲〕哉,其精神固当兴起百世矣。

上言科学精神在求真理,而真理之特征在有多数之事实为

----

①二培根指洛纣·培根(Roger Bacon)与弗兰西斯·培根(Francis Bacon)。洛纣·培根,十三世纪人,精物理化学,以背教义得罪。弗兰西斯·培根倡归纳论理学。

之左证。故言及科学精神,有不可不具之二要素:

(一)崇实　吾所谓"实"者,凡立一说,当根据事实,归纳群象,而不以称诵陈言,凭虚构造为能。今夫事之是不是,然不然,于何知之,亦知之事实而已。吾言水可升山,马有五足,固无不可者。不衷诸事实,人亦安能难我。天演说与创造说,绝相冰炭也。持天演论者,上搜乎太古之化石,下求于未生之胎卵,中观乎生物之分布,证据毕罗,辙迹井然。若溯世系者,张图陈谱,而昭穆次序,不可得而紊也。而持创造说者则反是,荒诞之神话,传闻之遗词,以言证言,终无可为辨论之具。则谓创造说之不能成立,正以其无实可耳。加里雷倭地动之说,亦当时所疾视而思扑灭者也。顾以其手制望远镜,发明新事实,其说遂颠灭不破。其他新学说新思想之能永久成立,发挥光大者,无不赖事实为之呵护。近人有谓科学之异于他学者,一则为事实之学,一则为言说之学,此可谓片言居要矣。故真具科学精神者,未有不崇尚事实者也。

(二)贵确　吾所谓确,凡事当尽其详细底蕴,而不以模棱无畔岸之言自了是也。弗兰西斯·培根有言,"真理之出于误会者,视出于瞀乱者为多。"盖"误会"可改,"瞀乱"不可医也。人欲得真确之知识者,不可无真确之观察。然非其人精明睿虑,好学不倦,即真确之观察亦无由得。曩余作《建立学界论》,曾引兑维(Sir Humphry Davy)研究水质之法,以见彼邦学者为学之精,以其足证吾贵确之说,复为征引如下:

方培根高足弟子兑维氏之研究水质也,当时用否尔塔电池(Voltaic battery)以分析水,所得于轻养二气之外,其阴极常呈酸性,而阳极常呈碱性。当时法国学者已倡水中唯含轻、养两元素之说,而以其酸性与碱性属于外来不纯之物。兑氏以为非实验上之证明,其说不足信也,乃归而试验之,以动物薄膜,连结两玻璃管,盛水,而置电极于两管中,迨试验毕,其得酸性与碱性如故也。彼疑其酸性与碱性来自动物薄膜也,于是易动物薄膜以洗洁之棉,此时所得者,为少量之硝酸,而碱性物如故也。于是彼知此酸性之物,半来于动物薄膜,而疑此碱性之物来于玻璃也(因玻璃为碱性物质所制),于是代玻璃管以玛瑙杯而试验之,而酸与碱性之发见如故也。彼乃代玛瑙杯以金制小杯而试验之,而酸与碱性之发见仍如故也。至此常人将决定此酸与碱为水中所有之质也,而兑氏不尔也,乃转而注意所用之水。彼疑前用之蒸溜水、泉水之不净者或得混入之,于是蒸发所用之水而得其滓,加于试验水中,而发见其酸与碱性之增加,与为比例。于是若可决此酸与碱性之物为水中之不洁者矣,而兑氏不尔也。于是复蒸溜其所用之蒸溜水,三四反复,至蒸发至干无滓而止,乃用此水与金杯以行试验,而所得酸与碱性复如故也。至此常人又将失望矣,而兑氏不尔也。彼乃进而试验所得之碱性物,知其为发挥性之安摩尼亚,而非固定质之娑达等,异于前者所得。于是知此娑达等之碱性物,来于玻璃与玛瑙,而发挥性之安摩尼亚与硝酸,必来自空气无疑,以此时与水为缘者,舍空气外无他物也。于是置试验之水于抽气筒中,尽排其空气而试验之,而酸与碱性之微迹仍在也。彼知抽气筒之力不能尽排除筒内之空气也,于是出空气于筒,以轻气换之,而又排出,而又换之,如是数次,至筒中绝无空气痕迹而止。乃通电流,分水质，而酸与碱性乃不复见于两极，至此水含轻、养二元素之说乃定，而兑氏之喜慰亦可知矣。

以上所举，特其一端，水之研究，又非甚难之业，而其反复不厌乃如此。方法自其余事，而贵确之精神乃足尚也。吾人读书不求甚解，属辞比事，多取含混不了之说，自欺欺人，其去于科学精神也远矣。

幸也，谬妄教义，不产神州。偶有迷信，出于无识，得科学廓而清之，如日月一出，爝火自息。学术之兴，其易易乎？第吾返观内顾，觉吾旧有学术，主义上固与科学初无舛午。而学界风气有与科学精神绝对不相容者，不拨而去之，日日言科学譬欲煮沙而为饭耳。吾所谓风气之不利于科学者何也？

（一）重文章而忽实学。承千年文敝之后，士唯以虚言是尚。雕文琢字，著述终篇，便泰然谓"绝业名山事早成"，而无复研究事实考求真理之志。即晚近实验之学，输入中土，读者亦每以文章求之，以是多不为人所喜。夫"言之无文，行而不远"。吾非谓谈科学者，遂可以学术之艰深，文其文字之浅陋，然当时学者之所须求，究在彼不在此。今有某先生者，偶然出其"申夭回溯"之文字，移译数十年前天演说者之论文一二册，而海内学者，已群然以"哲学巨子天演专家"奉之，不知达尔文之发明天演学说，盖其平生研究生物之结果。其他一时作者，如赫胥黎、斯宾塞①莫非生物学专家。近如发明种奇猝现论之突佛利，与

---

①见本杂志第一卷第一期《生物学概论》。

主张胚遭论之外斯曼①,皆各有其根据之学理事实,非向故纸中讨生活者也。以故纸雄文而成天演学者之名,则亦适成为中国之天演学者而已。

(二)笃旧说而贱特思。"吾生也有涯,而知也无涯。"生古人后,诚有时宜利用古人所已知者以补岁月之不足。然非苟以盲从而已。初从事科学者,实验室中所行,皆古人作之于前,而学者复之于后。凡若是者,非但服习其术,亦不敢以古人之言为可信而足也。乃观吾国之持论者不然,发端结论,多用陈言。庄生贤者,犹曰"重言十七"。人性怯于独行,称述易于作始,自古然欤!然怀疑不至,真理不出,学术风俗受其成形而不知所改易,则进化或几乎息。呜呼!自王充而外,士之能问孔刺孟者有几人哉。凡上所举,皆无与于科学之事。然以证无科学精神,则辩者不能为之辞。夫科学精神之不存,则无科学又不待言矣。

要之,神州学术,不明鬼神,本无与科学不容之处。而学子暖姝,思想锢蔽,乃为科学前途之大患。吾国学者自将之言曰:"守先待后,舍我其谁。"他国学子自将之言曰:"真理为时间之娇女。"中西学者精神之不同具此矣。精神所至,蔚成风气;风气所趋,强于宗教。吾国言科学者,岂可以神州本无宗教之障害,而遂于精神之事漠然无与于心哉。

载于《科学》,1916年第2卷第1期

---

①见本杂志第一卷第十二期《科学与教育》。

论　学

　　昔吾尝怪自西力东渐,东方诸国被其潮流之震荡者,莫不胗响振董,翻然改图,期与时势相会。然因应虽同,而陈效则殊。如挂帆沧海,烟波茫茫,或乘风直驶,竟达仙乡,如日本是已;或彷徨雾中,瞢然莫知方向之所出,如吾国是已。此固由于国情万殊,治理不一,而一能吸取西方学术,一不能吸取西方学术,实其强弱情势所由判之原因。问其所以然,若有为之说者曰:东邻之国,本无所有。舍己从人,其道大易。若我神州古国,自有其相传文明,将欲学人,则必先顾虑其本来所有。庄生有言:"寿陵馀子学行于邯郸,未得国能,又失其故行。"此诚不可不虑也。若然者,无异谓吾国之不能吸西方文明而有所发皇,有自己国学之为梗。今欲拔除群障,令放乎盈科之进,其自调和东西学术始乎!

　　夫曰调和云者,必其物质根本上已具不同之点,有时不能不信彼诎此以剂于适。准此为言,则非所论于东西学术。东西学术诚具不同之点,然此不同之点,非根本上之不相容,而为发达上之完否问题。譬诸有机化学中物质,有完足分子者(亦谓饱和分子），其变化也，必以一元素代一元素而后其他之新质生。有非完足分子者（亦谓不饱和分子），其变化也，但取他质加入其内而已，不必变易其元子之数，而新质即崭然出现。是例也，是吾东西学术之较也。明乎此，则以东取西，亦自缮其不备之点而已，而何调和之足云。而失其国能之恐惧，更不足言矣。

由吾之说，东西学术本无不相容之处，而笃旧者尝引之以为病，则以其于西方为学之意未能真知，而于学之范围又多所牵混故也。其一视西方学术之范围太广，凡宗教思想、社会道德、政治制度，皆在其所谓学术范围之内。于是与其旧说相枘凿，或于当时有不容者，皆一切以洪水猛兽目之。其二视西方学术之范围太狭，所谓东方人长于形而上之道，西方人长于形而下之艺，已成昔日策论家陈语。至近日某大师宣言"西本无学，唯工与商"，则并不认为西方有学。其意以为运用脑灵之事，唯吾东方人能之，彼西人皆恃其手足之勤，以成技巧之极耳。夫所谓"道"者，既无界说可凭，亦不知实旨所在。吾国人宗教思想最薄，虑不以道属之宗教。今将言社会制度，如所谓周公以下诸圣人，所以立人伦之极者耶？则吾见他邦有民主者，无君臣之分（此自道德上言之，如吾所天泽之分者。在法治上，则上下之分，虽民主不废也），等位之差，贵贱之别，而其人民之安豫丰乐，虽吾唐虞三代之盛未之能过也。将言其道德，如所谓亲亲尊尊、仁民爱物者耶？则彼邦以自由平等为基础之道德，其博施济众，视吾束缚驰骤枯槁之道德有加矣。抑此二者，非吾所谓学。吾所谓学，盖指庠序之中学子所讲习讨论，与深思之士之所倡义而立说者,区以别之,则有玄质两科。如以玄科兼赅文学,质科兼赅武术,则学之大体具于是矣。玄科高谈名理,推衍道术,虽彼析极于鳃理,而不凝滞于物物。此在中夏发育最先,九流百家,在庄生时已悲其往而不返矣。虽分表参稽之数久废,学之者或曼衍而无所极,方之挽近诸哲学,诚不能无跛完精粗之分;然其宗本领域既同,誉之者无所用其自损,毁之者亦不能熟视若无。至于质科之学,则异于是矣。其研究之主体,既不在吾人思想领域之内,遂有疑此科不属于学术范围之内,而为一二牟利计功之贱丈夫,奋其聪明技巧,偶然探索而得之者,此大误也。今欲明吾中西学术根本上无不相同之点,而发达上有完否之说,请举其要点如此:

第一,吾人学以明道,而西方学以求真。吾人所谓道者,虽无界说可凭,而可藉反对之语以得意义之一部分,则道常与功利对举是已。执此以观西方学术,以其沾沾于物质而应用之溥广也,则以其学为不出于功利之途亦宜。不知西方科学,固不全属物质;即其物质一部分,其大共唯在致知,其远旨唯在求真,初非有功利之心而后为学。其工商之业,由此大盛,则其自然之结果,非创学之始所及料也。磁电之理发明于法勒第,而后世电业之利非法氏所知也。有机化学之钥启于阜勒(Wöhler),而后世工业化学之盛,非阜氏所及料也。且如行星丽天,电子成质,其于人之直接利害何在?而彼方学子,观测其运行,探讨其原理,钩深致远,不遑暇逸;此岂急功尚利之念驱之使然者哉?夫亦曰求事务之真理而已。是故,字彼之"真"以"道",则彼邦物质之学,亦明道之学。且凑乎而真已有次第发见之效,不犹愈于侈言道而终身望道未见者乎。

　　第二,西人得其为学之术,故其学繁衍滋大,浸积而益宏。吾人失其为学之术,故其学疾萎枯槁,浸衰以至于无。吾所谓术者何?以术语言之,即吾曩所谓归纳的方法,积事实以抽定律是也。以近语言之,即斯宾塞所谓"学事物之意,而不学文字之意"是也。盖自培根创归纳之法,西方为学之本:一趋重于事实。其所谓事实者,乃自观察印证以得之。而不徒取诸故纸陈言。故西方为学之术,其第一步,即在搜集事实。学校中之讲习讨论,穷年累月,究其本意所归,不出乎使学者知所以搜集事实之方与所以研究事实之法而已。夫搜集事实,有时诚不能藉乎文字。譬如学物理者,欲知已明之公理,学生计者欲悉各事之统计,非搜寻于故纸何由可得。然所求者,仍事物之意,而非文字之意,得鱼而忘筌,非不可也。反是,谓文字之外无知识,后生必不及古人,穷年孜孜,唯以读古人书解释古人之言为事,则所学者文字之意,而非事物之意。吾国古人为学之法,言格物致知矣。今且置"格物欲致良知"之说,而取"即物穷理"之解。然理当穷矣,而穷理之法,未之闻也;知当致矣,而致知之术,未尝言也。要言之,则所格物致良知者,但存其目而无其术。说者谓格致一篇之亡,则有以致之。然此已亡之术,诚有如今之所谓科学方法者耶?周秦间之学术,必有大异乎今之所知者,今吾人所称诵当时大师巨子,墨翟、禽滑厘、庄周、荀卿之辈,陈义则高,辨智则美,然可谓极一时人智之发皇,谓开百世学术之途径则未也。夫一国学术之成,各因其民族材性、国势通塞而殊。其何道为长江大河,终汇于海;何道为绝潢断港,不免涸竭,非倡学者之所得知。其撷长补短，增益所无，以蕲至于光大之域，则后学者所当有事。吾人欲补格致篇之亡，舍西方重归纳、尚事实之学术，固无以也。

　　以上两端，盖就根本上祛吾人胶己之惑，以明科学之入神州，为知识革命上不可少之事。然吾国学界，尚自有其沉痼废疾，不划去之，新机将无由生。痼疾者何，好文之弊是已。夫徒学文字之意何以不足为学？以其流于空虚，蹈于疏陋，浸文字乃无意义之可言。吾国不但学不如人，即文亦每下愈况，以所重者徒在文字而无实质以副之故也。以愈重文，乃愈略质，文乃愈敝。凡吾国学术之衰，文字之敝之原因具是矣。乃者某建议欲复制艺取士之制，问其理由，则曰今之学校不能得能文之士。不悟为学本旨不在能文，以能文为为学之唯一目的，兹吾国学术所以无望发达也。

　　　　　　　　载于《科学》，1916年第2卷第5期

何为科学家

　　这篇文字,是我才由美国回来的时候,在上海寰球学生会的演说。当时曾经上海各日报记载过,但是记得不完备,我久想把他另写出来。后来《新青年》记者来要文章,一时无以应命;因趁此机会,把这个题目写出来,同大家商量。

　　我同了几位朋友,从美国回到上海的第二天,就看见了几家报纸,在本埠新闻栏中,大书特书的道"科学家回沪"。我看了这个题目,就非常的惶惑起来。你道为什么原故呢?因为我离中国久了,不晓得我们国人的思想学问,造到了甚么程度。这"科学家"三个字,若是认真说起来,我是不敢当的;若是照旁的意思讲起来,我是不愿意承受的,所以我今天倒得同大家讲讲。

　　我所说的旁的意思,大约有三种。一种是说科学这东西,是一种玩把戏,变戏法,无中可以生有,不可能的变为可能,讲起来是五花八门,但是于我们生活上面,是没有关系的。有的说,你们天天讲空气是生活上一刻不可少的,为什么我没看见什么空气,也活了这么大年纪呢?有的说,用了机械,就会起机心；我们还是抱甕灌园，何必去用桔槔呢？有的说，用化学精制过的盐和糖，倒没有那未经精制过的咸甜得有味。有的说"不干不净，吃了不生毛病"，何必讲求什么给水工程，考验水中的微生物呢？总而言之，这种见解，看得科学既是神秘莫测，又是了无实用，所以他们也就用了一个"敬鬼神而远之"的态度；拿来当把戏看还可以，要当一件正经事体去做，就怕有点不稳当。这种人心中的科学，既是如此；他们心中的科学家，也就和上海新世界的卓柏林、北京新世界的左天胜差不多。这种科学家，我们自然是没有本领敢冒充的。

第二种是说科学这个东西，是一个文章上的特别题目，没有什么实际作用。这话说来也有来历。诸君年长一点的，大约还记得科举时代，我们全国的读书人，一天埋头用功的，就是那"代圣贤立言"的八股。那时候我们所用的书，自然是那《四书味根录》《五经备旨》等等了。过了几年，八股废了，改为考试策论经义。于是我们所用的书，除了四书五经之外，再添上几部《通鉴辑览》《三通考辑要》和《西学大成》《时务通考》等。那能使用《西学大成》《时务通考》中间的事实或字句的，不是叫做讲实学、通时务吗？那《西学大成》《时务通考》里面，不是也讲得有重学、力学以及声、光、电、化种种学问吗？现在科学家所讲的，还是重学、力学以及声、光、电、化这等玩意——只少了"四书五经"、《通鉴》、"三通"等书。所以他们想想，二五还是一十，你们讲科学的，就和从前讲实学的是一样，不过做起文章来，拿那化学、物理中的名词公式，去代那子曰、诗云、张良、韩信等字眼罢了。这种人的意思，是把科学家仍旧当成一种文章家，只会抄后改袭,就不会发明;只会拿笔,就不会拿试验管。这是他们由历史传下来的一种误会,我们自然也是不能承认的。

第三种是说科学这个东西,就是物质主义,就是功利主义。所以要讲究兴实业的,不可不讲求科学。你看现在的大实业,如轮船、铁路、电车、电灯、电报、电话、机械制造、化学工业,那一样不靠科学呢?要讲究强兵的,也不可不讲求科学,你看军事上用的大炮、毒气、潜水艇、飞行机,那一样不是科学发明的?但是这物质主义、功利主义太发达了,也有点不好。如像我们乘用的代步,到了摩托车,可比人力车快上十倍,好上十倍了。但是,"这摩托车不过供给那些总长督军们出来,在大街上耀武扬威,横冲直撞罢了,真正能够享受他们的好处的,有几个呢?所以这物质的进步,到了现在,简直要停止一停止才是"。再说,"那科学的发达,和那武器的完备,如现在的德国,可谓登峰造极了;但是终不免于一败。所以那功利主义,也不可过于发达。现在德国的失败,就是科学要倒霉的征兆"。照这种人的意思,科学既是物质功利主义,那科学家也不过是一种贪财好利、争权徇名的人物。这种见解的错处,是由于但看见科学的末流,不曾看见科学的根源;但看见科学的应用,不曾看见科学的本体。他们看见的科学既错了,自然他们意想的科学家,也是没有不错的。

现在我们要晓科学家是个甚么人物,须先晓得科学是个甚么东西。

第一,我们要晓得科学是学问,不是一种艺术。这学、术两个字,今人拿来混用,其实是有分别的。古人云,"不学无术",

可见学是根本,术是学的应用。我们中国人,听惯了那"形而上""形而下"的话头,只说外国人晓得的,都是一点艺术。我们虽然形下的艺术赶不上他们,这形而上的学问是我们独有的,未尝不可抗衡西方,毫无愧色。我现在要大家看清楚的,就是我们所谓形下的艺术,都是科学的应用,并非科学的本体。科学的本体,还是和那形上的学同出一源的。这个话我不详细解释解释,诸君大约还有一点不大明白。诸君晓得哲学上有个大问题,就是我们人类的知识,是从什么地方得来的。对于这个问题,各哲学家的见解不同,所以他们的学派,就指不胜屈了。其中有两派绝对不相容的,一个是理性派。这派人说,我们的知识,全是由心中的推理力得来,譬如那算术和几何,都是由心里生出来的条理,但是他们的公理定例,皆是正确切实,可以说是亘古不变的。至于靠耳目五官来求知识,那就有些靠不住了。例如我们看见的电影,居然是人物风景,活动如生,其实还是一张一张的像片在那里递换。又如在山前放一个炮仗,我们就听得一阵雷声,其实还是那个炮仗的回响。所以要靠耳目五官去求真知识,就每每被他们骗了。还有一个是实验派。这派人的主张说天地间有两种学问:一种是推理得出的,一种是推理不出的。譬如上面所说算术和几何,是推理得出的。设如我们要晓得水热到了一百度,是个什么情形;冷到了零度,又是个什么情形,那就凭你什么天纵之圣,也推理不出来了。要得这种知识,只有一个法子:就是把水拿来实实在在的热到一百度,或冷到零度,举眼一看,就立见分晓。所以这实验派的人的主张,要讲求自然界的道理,非从实验入手不行。这种从实验入手的办法,就是科学起点。(算学几何也是科学的一部分,但是若无实验学派,断无现今的科学。)我现在讲的是科学,却把哲学的派别叙了一大篇,意思是要大家晓得这理性派的主张,就成了现今的玄学,或形上学(玄学也是哲学的一部分)。实验派的主张,就成了现今的科学。他们两个正如两兄弟,虽然形象不同,却是同出一父。现在硬要把大哥叫做"形而上的",把小弟叫做"形而下的",意存轻重,显生分别,在一家里,就要起阋墙之争;在学术上,就不免偏枯之虑。所以我要大家注意这一点,不要把科学看得太轻太易了。

第二,我们要晓得科学的本质,是事实不是文字。这个话看似平常,实在非常重要。有人说,近世文明的特点,就是这事实之学,战胜文字之学。据我看来,我们东方的文化,所以不及西方的所在,也是因为一个在文字上做工夫,一个在事实上做工夫的原故。诸君想想,我们旧时的学者,从少至老,那一天不是在故纸堆中讨生活呢?小的时候读那四书、五经、子史古文等书不消说了,就是到了那学有心得、闭户著书的时候,也不过把古人的书来重新解释一遍,或把古人的解释来重新解释一遍;倒过去一桶水,倒过来一桶水,倒过去倒过来,终是那一桶水,何尝有一点新物质加进去呢?既没有新物质加进去,请问这学术的进步从何处得来?这科学所研究的,既是自然界的现象,他们就有两个大前提:第一,他们以为自然界的现象,是无穷的,天地间的真理也是无穷的。所以只管拼命的向前去钻研,发明那未发明的事实与秘藏,第二,他们所注意的是未发明的事实,自然不仅仅读古人书,知道古人的发明,便以为满足。

所以他们的工夫,都由研究文字,移到研究事实上去了。唯其要研究事实,所以科学家要讲究观察和实验,要成年累月的在那天文台上、农田里边、轰声震耳的机械工场和那奇臭扑鼻的化学试验室里面做工夫。那惊天动地使现今的世界非复三百年前的世界的各样大发明,也是由研究事实这几个字生出来的。就是我们现在办学校的,也得设几个试验室,买点物理化学的仪器,才算得一个近世的学校。要是专靠文字,就可以算科学,我们只要买几本书就够了,又何必费许多事呢?

讲了这两层,我们可以晓得科学大概是个什么东西了。晓得科学是个什么东西,我们可以晓得科学家是个什么人物。照上面的话讲起来,我们可以说,科学家是个讲事实学问、以发明未知之理为目的的人。有了这个定义,那前面所说的三种误会,可以不烦言而解了。但是对于第三种说科学就是实业的,我还有几句话说。科学与实业,虽然不是一物,却实在有相倚的关系。如像法勒第发明电磁关系的道理,爱迭生就用电来点灯;瓦特完成蒸汽机关,史获芬生就用来作火车头。我们现在承认法勒第、瓦特是科学家,也一样承认爱迭生、史获芬生是科学家。但是没有法勒第、瓦特两个科学家,能有爱迭生、史获芬生这两个科学家与否,还是一个问题。而且要是人人都从应用上去着想,科学就不会有发达的希望,所以我们不要买椟还珠,因为崇拜实业,就把科学家搁在脑后了。

现在大家可以明白科学家是个甚么样的人物了。但是这科学家如何养成的?这个问题也狠重要,不可不向大家说说。我们晓得学文学的,未做文章以前,须要先学文字和文法,因为文字和文法，是表示思想的一种器具。学科学的亦何莫不然。他们还未研究科学以前，就要先学观察、试验和那记录、计算判论的种种方法，因为这几种方法，也是研究科学的器具。又因现今各科科学，造诣愈加高深，分科愈加细密；一个初入门的学生，要走到那登峰造极的地方，却已不大容易。除非有特别教授，照美国大学的办法，要造成一个科学家，至少也得十来年。等我把这十年分配的大概，说来大家听听。才进大学的两三年，所学者无非是刚才所说的研究科学的器具和关于某科的普通学理。至第四年、第五年，可以择定一科，专门研究，尽到前人所已到的境界，并当尽阅他人关于某科已发表的著作。（大概在杂志里面。）如由研究的结果，知道某科中间尚有未解决的问题，或未尽发的底蕴，就可以同自己的先生商量，用第六、第七两年，想一个解决的方法来研究他。如其这层工夫成了功，在美国大学就可以得博士学位了。但是得了博士的，未必就是科学家。如其人立意做一个学者，他大约仍旧在大学里做一个助学，一面仍然研究他的学问。等他随后的结果，果然是发前人所未发，于世界人类的知识上有了的确的贡献，我们方可把这科学家的徽号奉送与他。这最后一层，因为是独立研究，狠难定其所须的日月，我们暂且说一个三年五年，也不过举其最短限罢了。这样的科学家，虽然不就是牛顿、法勒第、兑维、阜娄、达尔文、沃力斯，也有做牛顿、法勒第、兑维、阜娄、达尔文、沃力斯的希望。这样的科学家，我们虽然不敢当，却是不敢不勉的。

    载于《新青年》，1919年第6卷第3号

科学方法讲义
——在北京大学论理科讲演

一、引　　言

科学是欧洲近三百年前来发明的一件新东西。这件东西发明以后,不但世界学术上添了许多新科目,社会上添了许多新事业,而且就是从前所有的学术事业也都脱胎换骨,迥非从前的旧态。总而言之,自科学发明以来,世界上人的思想、习惯、行为、动作,皆起了一个大革命,生了一个大进步。因为这个东西如此重要,所以我们要去研究。就是不能研究的,也须要懂得他的意思。但是要懂得他,须用甚么方法呢?

设如现在有一件机器,就说一个发电机罢,要懂得他,须用甚么法子呢?第一就是把这机器折开,看他的构造,第二再要看他构造的方法。把这两件事弄清楚了,才晓得这件机器的运用。现在我们要懂得科学,先讲科学的方法,也是这个意思。因为要懂得科学,须懂得科学的构造;要懂得科学的构造,须懂得科学构造的方法。

二、科学的起原

科学的定义,既已言人人殊,科学的范围,也是各国不同。德国的 Wissenschaft,包括得有自然、人为各种学问,如天算、物理、化学、心理、生理,以至政治、哲学、语言,各种在内。英文的 Science,却偏重于自然科学一方面,如政治学、哲学、语言等,平常是不算在科学以内的。我们现在为讲演上的便利起见,暂且说科学是有组织的知识。从这个定义,大家可晓得科学是纯粹关于知识上的事,所以我们讲科学的起原,不能不讲知识的起原。

诸君晓得在哲学上有个极大的问题,就是知识起原论。因为古来的哲学家,对于这个问题意见不一,所以哲学的派别也就指不胜屈。现在取他们两个极端的学派作为代表,一个是理性派(Rationalist),一个是实验派(Empiricist)。那理性派说,世间一切现象的真际,是不易懂得的,我们要是靠了五官感觉去求真知识,最容易为他们所骗。譬如看电影中的人物风景,活动如生,其实还是一张一张的象片在那里调换。又如山前放一大炮,耳里就听了一阵雷声,其实还是一个炮仗。反而言之,我们要是用心中的推想去求真理,倒还靠得住一点。譬如我们下一个定义,说凡由一点引至周边之半径相等者为圆。这等定义,无论何时何地,皆可定其为真,这不是真知识吗?那实验派说,世间的知识原有两种,一种是理想的知识,如几何、算术等是。一种是物观的知识,如物质世界的现象,我们不能不认其有客观的存在。要研究这客观的现象,除了用五官感觉,实在没有他法。譬如但凭心中的理想和先天的知觉,我们断断乎没有理由去断定水会就下,或是水热到百度是个什么情形,冷到零度以下又是一个什么情形的。属于第一派的哲学家,就是柏拉图(Plato)、奈不理慈(Leibnitz)、石宾洛渣(Spinoza)、笛卡儿(Descartes)、黑格儿(Hegel)、康德(Kant)一流人。属于第二派的,就是培根(Bacon)、洛克(Locke)、休姆(Hume)一流人。现在不过略讲知识起原论,以见科学的起原,实由实验派的主张,为正确知识的哲理上的根据。至于两派的优劣得失,那是哲学上的问题,我们现在无暇讲及了。

三、科学与逻辑

哲学家讲知识起原,是要想得到正确的知识。这逻辑的用处,就是为求正确知识的是一个法则。理性派与实验派对于知识起原的意见不同,他们所用的方法自然也不同。换言之,就是他们的逻辑不同。那理性派所用的是演绎逻辑(deductive logic),又谓之形式逻辑(formal logic),那实验派所用的是归纳逻辑(inductive logic)。我们现在讲逻辑的,都晓得亚里士多德是演绎逻辑的初祖,培根是归纳逻辑的初祖。说也奇怪,那亚里士多德不是很反对柏拉图的哲学,自己又狠研究实验科学的吗?但是他做起逻辑方法,却只得演绎的一半,可见当时逻辑与思想,原来不甚联络,无怪中世纪的时代这逻辑就成了一种形式了。形式逻辑何以不中用呢?

（一）因为形式与实质是决然两物，形式虽是对了，实质错不错，逻辑还是不能担保。譬如说：

凡当先生的是学者，

某君是先生，

故某君是学者。

这个演绎的形式，可谓不错了，但是其理是否确实，还是一个问题。

（二）就算实质、形式皆不错了，但是应用这种逻辑来解释事理，仍旧靠不住。譬如我们通常说"气之轻清上浮者为天，气之重浊下凝者为地"。古希腊人也说"物质的自然位置，重的居下，物有反其本位的倾向，故下坠"。用逻辑的形式讲起来，就是：

凡物皆有归其本位的倾向，

重的本位在下，

故重物下坠。

这个说法，本来和引力说有些相像，但是"物有归其本位的倾向"同"重物的本位在下"两句话，请问是否先天的理想可以定其为正确？若其不然，就是全篇的论理无有是处。

上面所引的两个例证，非常简单，但是所有的演绎逻辑，总离不了这个法门。这个法门为何？就是先立一个通论，然后由通论以推到特件。只要把通论立定，这逻辑的方法就成了一种机械作用。譬如车在轨道上，自然照着一方向进行，至于方向的对不对，逻辑是不管的了。现在要挽救这个弊病，自然唯有反其道而行之。一方面是暂时不下通论，而从特件入手，由特件以推到通论。一方面是用观察及试验，先求特件的正确。这从特件以归到通论的办法，就是归纳逻辑。归纳逻辑虽不能包括科学方法，但总是科学方法根本所在，我们须得详细研究归纳逻辑的真义。

四、归纳的逻辑

讲到归纳的逻辑，我们自然不能不先讲培根，因为培根是主张用归纳方法最早而最力的。培根说："推理之为用，不当限于审察结论，及结论与前提之关系，并当审察前提之当否。"此已视演绎的逻辑进一步了。第二培根的主义，是要为自然界的仆人或解释者，而不愿为前人的仆人或解释者。所以他的 Novum Organum，开篇就说要去四蔽（four idols）。①四蔽为何？（一）是族蔽（Idols of Tribe）；（二）是身蔽（Idols of Den）；（三）是众蔽（Idols of Market Place）；（四）是学蔽（Idols of the Treatre）。去了四蔽，然后可去观察自然界的现象。培根说"我们第一个目的，是预备研究现象的历史"，这预备的方法，就是观察与试验。培根看得这种预备的工夫非常重要。他说："若无这种自然界事实的历史，就是把从古至今的圣人聚在一堂，也没什么事好做……但是只要把这种历史预备好了，自然的研究及各种

---

①近见《新潮》有译作"偶像"者，但培根此字托始于柏拉图之 Idols，盖谓心中之幻想或假象耳。

科学的发达,总不出几年的工夫。"

培根的归纳方法有所谓三研究表,即(一)然类表,(二)否类表,(三)比较表。又有消除法、辅助法。但方法虽多,却不适用,所以培根自己于科学上并无发明,他的方法也没人去过问了。但是他的功劳,就在主张实验,搜集事实。这两件事究竟是科学方法的基础。我们现在讲科学方法,还得要把创造始祖的名誉归他。

归纳逻辑,在培根的时代,虽然是草创,没有什么实用的价值,到了后来弥勒(Mill)、黑且儿(Herschel)、柏音(Bain)、惠韦而(Whewell)、觉芬(Jevons)一般人出来专讲方法,一方面有加里处倭(Galileo)、客勃劳(Kepler)、牛顿(Newton)、拉瓦谢(Lavoisier)、拉勃那斯(Laplace)、兑维(Davy)、法勒弟(Faraday)一般人由各科学方面实地应用,这归纳的方法,才渐渐有轨道可寻、详细可讲了。如弥勒的五法(five canons),无论什么逻辑,书上皆有的,现在也无暇讨论,我们且说这归纳逻辑,究竟是一个什么意思。

1. 据惠韦而的说法,归纳逻辑,是由许多事实上,加上心中的意思,使众多的事实成了一个有条贯的知识。譬如我们何以知道地是圆的呢？就事实上说,设如从相离很远的两点,同时直向北走,走到近北的地方,他们两个人的距离,比较在南边的时候,一定近了许多。有了这两个事实,再加一个地球呈圆形的意思,就使兹两个事实联结起来,成了一种知识。这以心中的意思联结许多事实的作用,就是惠韦而的归纳逻辑。

2. 弥勒的说法,归纳逻辑是由实验以得通则,由特殊以推到普通,由现在的情形推到未来。因为现在的事实,是因为有现在的境缘而后出现,将来若有同样的境缘,我们可以决定同样的事实仍旧出现。可见弥勒的意思,和惠韦而的意思不同。惠韦而重在以自己的意思,加入事实,弥勒重在就现在事实,去推测未来的事实。所以能推测将来,因为现在事实正是普通规则之偶现故。

3. 觉芬说:归纳法是自然现象之意思的发见。如凡欲研究之现象或事实皆经考察过,谓之完全归纳。如未经完全考察的,其归纳则为不完全。譬如言鸦是黑的,此为不完全归纳。因为鸦之必黑,无先天之理论可为判断,设如明日见一白鸦,则我们的论理立破。故不完全归纳,只有数学上或然之价值而无逻辑上必然之根据。

4. 近人魏而敦(Welton)说:归纳逻辑是方法的分析。此方法起点于各个特例,由此分析的结果,可得自然现象实际的通则。因为搜集事实,易生错误,所以实验之数,以多为贵。但使周围情形能确然自定,就是一次试验,亦可据为判断。有时因为他种困难,其现象的周围情形极难确定。在这个时候,不能不多行实验。但是这种实验的结果,仍旧不能算为归纳,不过是算学上的或然数罢了。

照上面所说的看来,就是科学方法的专家,对于归纳逻辑的意义也是人持一说。但是他们有个共同的论点,是要从特殊事件中间发见一个通则。世间上事实既不能一一考察,而又新发见通则不至于错误,这其中必定有个方法。现在我且把这方法的大概写出来,以下再详细解说。

归纳法的大概:

1. 由事实的观察而定一假说。

2. 由此假说演绎其结果。

3. 以实验考查其结果之现象,是否合于所预期者。

4. 假说既经试验,合于事实,乃可定其为代表天然事实之科学律。

五、科学方法之分析

科学的方法,既是从搜集事实入手,我们讲科学方法,自然须先讲搜集事实的方法。搜集事实的方法有二:一曰观察,二曰试验。

观察　凡一切目之所接,耳之所听,鼻之所嗅,口之所尝,手之所触皆是。我们对于外界事物,能有正确的观念,皆由五官感觉,所以观察为搜集事实第一种利器。但是人人虽有五官感觉,能用这种观察以得正确事实的却不容易。上面所引看电影、听炮声诸例,有的是生理上的缺点,有的是物理上的现象。在科学上虽是不可,在常理上尚不能怪人。还有一种单为官觉未经训练,致观察不得正确的。相传化学大学〔家〕徐塔儿(Stahl),一天到课室去,一手托了一杯碱水,把中指放在水内蘸了一蘸,却把食指放在口内予学生看,叫学生照着他做。学生个个把食指放在碱水内,复又放在口中,自然都疾首蹙眉起来。徐塔儿先生才说,我说你们观察不仔细,你们不服,你们不见我放在碱水内的是中指,放在口内的是食指吗?这观察事实,是科学方法的第一步。要是观察不正确,不得正确的事实,以后的科学方法就成了筑室沙上,也靠不住了。

试验　试验是观察的一种预备。我们试验的意思,还是要看他生出的结果,不过这种观察,在人为的情形之下施行罢了。试验有两种特别的地方:(一)试验可以于天然现象之外,增广观察的范围。(二)试验可以人力节制周围之情形,以求所须结果。以第(二)目的而行试验时,我们有一个规则,道一次只变动一个因子。譬如要试验养素是否为生命之必要,我们就把一个玻璃钟装满香气,又用一枝蜡烛,把钟内的养气燃尽,然后把一个老鼠放进去。但是这个法子不对,因为钟内虽没有养气,却还有他种气体,老鼠要是死了,我们何以知其非因他气的存在而死,不是因为养气之不在而死呢?

试验这事不是容易的。大凡学科学的,平生大半的精力,都是消耗在这试验上。学科学的不会行试验,就同学文学的不讲字一样,我们可以说他不是真学者。

有了观察与试验,我们可以假定有正确的事实了。照上面所讲归纳法的大概,有了事实,不是就可以定一假说以求天然现象的通律么?但是事情没有那样快,中间还有许多步骤要经过的。

分类　有了事实之后,我们须得找出这事实中同异之点,然后就其同处,把些事实分类起来。这分类的一属,在科学方法上也极重要。因为要不分类,所有的事实便成了一盘散沙,不相联属。科学是有统系的知识,这有统系的性质,就是由分类得来。有些科学,如动物、植物等,其重要部分,全在分类。即以化学而论，各种原素的分类，也是化学上一个重要的研究。化学中最重要的周期律，也是先有分类而后能发见者。

分析 分类之后，若在单简的事实，我们就可以加以归纳（generalization）。若是现象复杂一点，还要经过分析的一个手续。分析的意思，是要把一个复杂的现象，分为比较的一个单简的观念。譬如声音是个复杂的现象，我们若是分析起来，就有：

1. 发音体之颤动，
2. 颤动之传导于介质，
3. 耳官之受动与音觉之成立。

所以这音的现象，可以分析成"动"与"感"的两个观念。这两个观念，在现在可算最简单不能分析的了，我们分析的工夫，可以暂止于此。后来科学进步，或者还可分析，也不定的。

归纳 归纳的作用，不是概括所有的事实，作一个简写的公式，是要由特殊以推到普通，由已知以推到未知。譬如我们看见水热则成气，冷则成冰，有气、液、固三体的现象。又看见水银也有这三种现象。又看许多旁的物件，原来是固体的，加热就成了液体，再热就成了气体（如蜡、糖等皆是）。我们就简直可说，凡世间上的物质，皆可成气、液、固之体，不过是温度和压力的关系罢了。

照这样的归纳，先有事实然后有通则，这通则就是事实里面寻出来的，比那演绎法中间所说"因为重物的位置在下，所以向下坠的说法"迥然不同了。但是科学上这种明瞭的事体却很少，每每事实的意思还未大明白，我们就要去归纳他。在这个时候,不能说归纳所得的道理就是正确的。所以把所得的结论,不叫做确论,叫他做"假设"。这假设的意思就是心中构成的一个图样,用来解释事实的。

假设 假设的作用,虽然不出一种猜度,但猜度也要有点边际,方才不是瞎猜,所以好假设必要具下三个条件:

1. 必须能发生演绎的推理,并且由推理所得结果,可与观察的结果相比较。

2. 必须与所已知为正确的自然律不相抵触。

3. 由假设所推得之结果,必须与观察的事实相合。

何以须有上三条的特性,方为好假说呢?也有几个原故。

(一)要定假说的对不对,仍须事实上证明。所以有了假说,必须由假设中可以生出许多问题来。这由假说生出的问题,就是演绎的推理。解决这些问题,仍旧要用实验,仍旧还是归纳的方法。譬如化学上的元子说,是由定比例之定律及倍数比例之定律两件定律得来的一个假设。有了这个假设,我们就可断定许多的化学变化。又据试验上所得的化学变化,果然相符,我们才说这种假设有可存的价值。要是试验多了,只有相符,没有相忤的时候,我们简直可把这假设的地位提高来,叫他做学说(Theory)。要有假设不能演绎出特别的问题来,岂不成了永久的假设?这种永久的假设,有没有是不关紧要的。

(二)因为我们的假设,不过是一种猜度,讲到他的价值,自然不能比得已经证确的自然律,所以我们止可拿正确的自然律来作我们的向导,却不能牺牲自然律来就我们的范围。譬如现今有人说鬼可以照象,这个说法,非把物理上一切定律推翻,是不通的。

（三）假设原是因为证明或解释事实而设的，若其结果与事实不合，便失其为假设的理由了。

讲到此处，我们可以评论培根的科学方法何以不能成功。因为他过于主张实验，得了事实之后，只去列表分类，求他们的异同，要在异同之中发明一个通则，却不知用假设，由演绎一方面去寻一条捷路。正如运算的，只知加减，不知乘除，遇着 25×25，他便要去加二十五次，方得结果。况且有许多通则，并不是仅仅分类比较，所求得出的。

再说上面讲归纳逻辑的时候，曾列举惠韦而、弥勒、觉芬、魏而敦几个人的意见。一个说归纳是把所有的事实概括拢来得一个通则，一个说归纳只是据特例以推到通则，要是特例是靠得住的，就是一个也不为少，特例要是靠不住的，就得多找几个。我们现在晓得研究科学，不是仅把那明白单简的事实搜集拢来，做一个简写的公式，可以了事的。有时现象的意思既不甚明白，事实的搜罗还不甚完备，我们也不能不下一个解释，求一个通则。这种办法，难道就不是归纳，不算科学方法吗？所以我说他们所说，皆各有所当。就现在的科学的情形看起来，他们的话正是各得一端呢。

可是诸君要问，既是现象的意思还不甚明白，事实的搜罗还不甚完备，我们何不留等一等，到那明白完全的时候再去归纳，何必急急忙忙的瞎猜呢？这话我说不对。因为假设的职分，还是科学方法的里面，并不在科学方法之外。何以故呢？因为有了假设，然后能生出更多的试验，然后能使现象的意思越发明白,事实的搜集越发完备。所以假设这一个步骤,到是科学上最紧要的。现在科学的方法,所以略于极端的实验主义的地方,也就因为有假设这一步,可以用点演绎逻辑。

学说与定律　假设经若干证明后,可认为学说上已说了。学说是经过证明的,所以可引来证明他种现象,假设则只能用为解释,不能为证据。如电解说为现在物理及化学上的重要学说,其所以成为学说,正因化学上的电气当量等实验把个电解说巩固得颠扑不破。原子说虽然没有甚么例外,但总觉得虚渺难测一点,还不算学说的。至定律乃是由事实中老老实实归纳来的,并不加以丝毫人为的意思。譬如质量不灭之定律、能量不灭之定律、引力之律、定比例之律、倍比例之律,皆是直切简明说一个事实,并且是说一个"甚么",并不说是"怎么"。所以论理学上尝说,如问物何以下落,答云因为引力之律,不算答解,就是因为未说"怎么"的原故。但是定律虽未说"怎么",他在科学上却是根本观念,大家不要看难了他。

假设与学说,既是为研究方便起见,拿来解释现象的,所以没有什么一成不变的理由。大天文家客勒劳研究火星运行,因发明椭圆轨道的学说。但他未得最后的学说以前,已经起了十九个假设,都因与事实不合弃去了。法勒第也说过:"书中所有的学说,不过科学家想到的百分之一,其余的许多,都因不合事实,随生随灭了。"这种说话,最可以表科学家的真精神及方法。

科学方法讲到此处,可以略略作一个结束,我们现在且把归纳逻辑和演绎逻辑来比较比较。

1. 归纳逻辑是由事实的研究,演绎逻辑是形式的敷衍。

2. 归纳逻辑是由特例以发见通则,演绎逻辑是由通则以判断特例。

3. 归纳逻辑是步步脚踏实地,演绎逻辑是一面凭虚构造。

4. 归纳逻辑是随时改良进步的,演绎逻辑是一误到底的。

六、科学方法之应用

今世所以有科学,因为有科学方法。但是学科学的,却不大觉科学方法的所在。庄子说:"鱼相忘于江湖,人相忘于道义。"试看古今有名方法学家,大半皆不是专门科学家。他们何以要这样不惮烦的讲来？大约他们的意思,倒不是为科学家说法,他们的意思,是要把这科学的方法灌输到他种思想学问里去。就实际上讲来,现在的学问,那一种不带几分科学的色彩。如心理学,本来是个空空洞洞的学问,现在也变成了一种实验的科学。至如生计学,自从玛尔秀(Malthus)人口论,说明食物生殖以算术级数,人口生殖以几何级数,供求相因的定律也由一种想当然的议论变成一种事实的数量的学问。社会学处处以统计为根本,以求社会上利病祸福的原则。譬如研究犯罪者之多少,与不识者之多少成比例,还不是科学的方法的应用吗？至于教育学,现在更是趋于实验一方面。譬如我们不晓得两点钟接连讲下去,学生得益多些？或是把两点钟分成三门讲义,学生得益多些？我们很可以拣两班,资质年岁同等的学生,用一个先生,分两样教法,一个星期以后,试验他们成绩,就可以知道那个方法好些。这种方法,是美国教育界研究教育的始终在那里进行的。就是现在写实的文学派，实用主义的哲学派，那一件不是与科学方法有关系的？所以我说科学方法在一般学者，比较在科学家还紧要些。

七、结　论

从前读哈佛大学校长爱理阿（Eliot）君的演说，有一段讲归纳逻辑的用处，讲得甚好，等我把他引来作我的结论罢。

"归纳哲学的特性，在什么地方？何以能有那样大的变化力，把实行他的人类的习惯、行为、风俗、政治、宗教，及一切人生观皆改变了呢？归纳哲学，从观察具体的及实际的事物入手。所重的是事实，既不想那种虚理乱测，也不靠上天的启迪。所研究的是实在的事物，可以是植物，或动物、矿物，也可以是固体、液体、气体或以太，总要实有其物，可以眼见、耳听或手触；或实有其事，可以称衡或权量所求的是空理，即事实。既以眼或手或他官觉观察即得事实，更以事实与事实相比较，或一群事实与一群事实相比较。比较之后，于是乎有分类；分类之后，于是乎有概括；是为第一进步。但此概括亦极有限制，既不是上极青天，下入原子，不知纪极的推测，也不是完全自是的学说，不过观察事实以后的最近的一步罢了。于是谨慎小心，把观察、分类、概括之所得，记录起来。这方法上的用心，也与观察同其锐敏，与记录同其正确，这就是归纳的方法。现在我们就说现今世界行事，一切新方法，一切新实业，一切新自由，一切团体的能力，及社会的平等，皆是由归纳方法生出来的，也不为过。近世经济学就是用归纳方法而成功的第一个好例。

你们要说这是把物质的或机械的眼光来看人类的进步么？不然，不然，因为经过这许多观察、记录、概括的法则，那人类思想上发明的及先知的力量才能够发生。你们以为爱迭生（Edison）平生的事业，单单的是由手或眼作成的，或是由不出可见可捉的事实的推想造出的么？其实皆不然。爱迭生君的最高的本领，及其最贵的特质，就是他的发明及创造的想象力。此不独于爱迭生为然，大凡于纯粹或应用的科学的进步上有所贡献的，亦莫不然。有许多人只会做那刻板一定的事，但要的确做点有进步的事体，其人必定要有狠亲切、自由、活泼的想象力，并且要有确实逻辑的与有秩序的思想，及笃实应用的本然。所以我们在这里赞赏归纳哲学的美果，叹异归纳方法于物质世界的非常成功的时候，不要想我们就把那智理及精神的一方面抛弃了。我们正要从这最大而最有益的地方的门口找人类的理性及想象呢。

载于《科学》，1919年第4卷第11期

科学基本概念之应用

今之主张科学重要者,皆就科学之应用以为言者也。夫制械构机,驱汽役电,一人而作数十人之工,一日而毕数十日之业。我不欲以原始工业终,则不得不重科学。驭汽之舟、驾飙之车、飞空之机、无线之电,使山川失其险阻,瀛海近于户庭。我不欲以老死不相往来终,则不得不重科学。合理之农,一种而获数倍。尽利之艺,一作而成数物。我不欲以穷困梏窳终,则不得不重科学。微菌之研究,生理之发明,使疠疫为之不行,人寿因以增长。我不欲以疾痛困苦终,则不得不重科学。凡此种种,说亦不能尽,要之应用科学上发明之结果,使人生日进于安乐幸福之域。吾人苟不以倒行逆施反乎太古之无事,为人生究竟目的,则必倚科学为进化之阶,致用之具。故吾人以应用责科学,而循之以求乐利安舒之效,亦事之未可厚非者也。

虽然,科学之为物固有其本源,非漫然而至者也。科学之至于应用,则其学已大成,其研究已具备,又非徒然有取于一二新知暗示,遂得以奏增进幸福之功也。例如今之电信、电话,可谓科学应用之最要而最神者矣。然以今之电信、电话与阿尔塔

(volta)蛙股触铜丝而动之发见相提并论,相去不知几千里也。即与法勒第(Faraday)磁石与电流关系之发明,相去亦不知几千里也。今使吾人但知电信、电话之应用,而忘电学之本源,虽三尺童子,知其无当矣。更进言之,今之所谓物质文明者,皆科学之枝叶,而非科学之本根。使科学之枝叶而有应用之效验,则科学之本根,愈有其应用之效验可知。特今之言科学者,多注重于其枝叶之效用,而于其根本之效用,忽焉不察,兹吾所大惑不解者也。

且夫本根与枝叶,固各有其效用之方,而二者尤有相倚之关系焉。即本根之效用不著,其枝叶即无由发达,而效用之不可期,所不待言。今举例以明之,欧洲中世以后,承宗教神学之迷信,谓地球为上帝所造,静而不动。地球上一切现象,皆为神之意志所欲出,有加以研究者,是谓疑天,其罪不赦。自加里雷倭(Galileo)、克勃拉(Kepler)、科白尼(Copernicus)诸哲,冒鼎镬之危,以重学之理,证明地为行星之一,行动变化与他物同,而后宗教迷信廓清,而后天文航海及他与人生有密切关系之诸科学,得以次第发生。向使加里雷倭、克勃拉、科白尼之说不发生效力,是欧洲人心长此为教义所束缚,将何以能发挥光大、成精伟灿烂之学术,而开近世盘古未有之文明。吾谓欲求科学枝叶之应用者,当先观其根本之应用,观此知非无故矣。

吾所谓根本者非他,科学之基本概念是矣。基本概念不必精深繁赜,而科学之基础立于是,科学之条理起于是。质言之,科学之所以成立,即以此基本概念之成立故。故当科学之始创也,一学之全体未成,而基本概念先起。即吾人之求学也,精微之奥妙未达,而于基本概念,不可不具正确之了解。吾所谓基本概念之应用者非他,即此了解之试验而已。使彼基本概念果为人所了解,或了解而无误,则必有其相当之影响,生于心而见于事。反是,使其思想行事反乎此基本概念,是为此基本概念未为人所了解,或了解而非正确之征。由是言之,基本概念之应用,与科学之发达,尤有正比例之关系。吾人欲求某科学之发生效力,当先求某基本概念之发生效力,较然明矣。今试举科学基本概念之一二,与吾国当今流行之习尚相参较①,以验其相合之度,或亦热心科学之君子所乐闻乎。

其一,物理学之基本概念,曰距离(length),曰时间(time)。距离为空间观念之表示,时间为意境(state of consciousness)先后之认识,是二者最单简之基本概念也。二者之量度,各定以人为之单位。由此观念与量度,乃生较繁之观念。如速度则为距离单位与时间单位之较,详言之,即一定时间内经过距离单位之多少是也。加速度则为速度变化之率,详言之,即一定时间内速度加减之单位数也。以速度大小之关系,而质量(mass)观念生焉。设有两轮于此,一木一铁,其大小形式相若。今欲推之使转,木轮必较铁轮为易,或木轮之速度,必较铁轮之速度为大。吾人于是曰:木之质量轻,铁之质量重也。以质量与加速度

---

① 报载某公勉励学生之言曰:"近世列国文明,质言之实即科学之进步耳。……诸生研究科学,即当求一种科学之用,无论何种科学,允宜参酌中西,求合于本国之习尚。"云云。 不知中国科学足供学者之参酌者几何? 又不知中国习尚合于科学者有几。 外国科学取合于中国习尚之后,尚复成为何物?

— 246 —

之关系,而力(force)与能(energy)之观念生焉。合距离、时间、质量、能力诸观念,而物理的世界(physical world)乃得入于研究之范围。是故不言物理学则已,言物理学乃有必须承认之二点:(一)凡质云力云能云,皆有一定明确之意义,决无玄渺幽秘之旨存于其间。(二)世间一切动作现象,皆以质或能为之主体,以质体为之介传,绝无惝恍不可知之鬼神为之主动,此实十八世纪机械说(mechanical Theory)所由来也。今人过信鬼神,乃谓木石瓦砾能自然飞飒,房舍衣履忽发火灰飞。如吾蜀有所谓"小神子"者,来去无常,为人祸福。人或触怒之,飞石立击其身,或灾屋碎器,作种种烦恼。倘恭谨承顺得其欢心,亦有金银宝货充满箧笥。问"小神子"何物,则曰为修炼家放出未归之婴儿。斯言不唯愚民信之,乃俨然在位者亦信之,曾出洋留学者亦信之,固知迷妄之入人者深矣。不悟婴儿何物,究令有之,亦么么缥缈、无形无质,安能发生能力作驱石走瓦、发火散粪诸恶剧。牛顿重力定律,凡物动不自动、静不自静,必有外力以为变动之原也。今云物体变动,而不能指其力之所在,是不啻破坏物理学之基本概念。故苟于物理学之基本概念有真知灼解者,必于鬼神迷信若两物之不能容于一空间矣。

其二,光学之基本概念,初以光之现象成于光质之直射,所谓尘射说(emission Theory)是也。继以光之现象成于光波之推动,所谓波动说(undulatory Theory)是也。波动则不可无传导之媒体,于是以太概念生焉。迨以太之性质、体相、构造诸端,约略解决,而光学中反射(Reflection)、屈折(Befraction)、缘折(Diffraction)、干扰(Interference)、偏光(Polarization)诸现象,无不可以波动说为之解释。即凡是诸光学之现象,皆以太波动之现象,而波动又为能(energy)之一现象,故可换言,凡波动之现象皆能之现象也。物理学中之能,皆属于物质界,不属于精神界。异哉!今之以鬼象相诧者,乃欲利用光学以破坏光学也。原相诧以鬼象者之心,欲以证明灵魂之存在耳。顾曰灵魂,则非物质,即非物质,更何自生其波动之能。设果有波动之能在,则其存者仍质而非灵,恐又非崇信鬼神者所欲重也。苟说者好鬼已甚,虽令去灵存质,但谓有鬼亦乐承认。且将假为科学之言,谓其质微渺轻忽,殆非人类官感及一切科学仪器所能窥测,而恰能发光学上赤外之光,独呈化学作用,以是解释鬼象,亦不可通。何则?果使如是,彼空间之鬼应多矣,镜影所及何处不有鬼象,而何以相惊以伯有者,仅如所闻之少数也。又或谓鬼象由人类思想所凝结而成,其意谓人心中有鬼念,即其所念是生鬼影,如佛顶之有圆光者或能摄以入镜。具如所说,所照者非鬼,乃人之思想耳。此说似由日本之念写发生,念写之不成事实,已由彼邦学者诘驳之矣。夫思想之为物,在心理学上固有一定诠释,不能如说鬼者可任意付以不可思议之性质。使物质界之能,得以思想创造之,令呈光学作用,不但光学概念将不适用,即能量不灭之定律亦将为之破坏,尚何有科学立足之地乎?

鬼象之事,或出于术者之诈骗,或出于术者之疏忽,而愚者加以谬解。倘能寻其瘢结,发其覆藏,未有不哑然失笑者,初无讨论之价值。今兹所言,则以见一般人心对于科学概念之薄弱有如是耳。

其三,生理学之基本概念,曰动物之生理作用,举循物理、化学诸定律,而不必有不可思议之动力存乎其间。故血液循环之发明,为近代生理学进步之一大关键。而血液循环,唯是循其自然之脉道,与内外渗压之定理,未闻可以人力为之调节输送、变其自然之轨道者。藉曰能之,其效当为损而非益。今之学道者,中夜起坐,以行所谓吐纳导养诸法,谓身中血液,可以意志变易其常道,而收长生不老之效。吾尝北至燕蓟,西抵巴蜀,往往见黄冠之徒,设坛倡教,有盛德坛、忠恕门诸名目。达官大人,不惜降尊纡贵,北面称师,以求所谓却病延年之术,南北数省,政见参差,独于此点千里同揆,此无论其关系人心风俗如何,其昧于生理学概念亦甚矣。又人类食物约分三类:一为蛋白质类,以化血生肌而滋营养。一为脂肪类,一为脂粉类,则以养化发热,以供体温而生运动之能。故三者缺其一,皆于养生之道不叶,此亦生理学基本概念之一也。乃今之讲养生者,远慕辟谷之说,遂以肉类为常食,其不适于生理作用,固不待言。

其四,心理学中有所谓变态心理者,研究精神异常之状态,如精神病者之精神作用及催眠时之精神作用是也。有所谓下意识或潜在意识者,吾人主意识之下,藏匿存在。别成一精神作用,于主意识受病无力时即自由发见,此亦心理学基本概念之一二也。今人于变态心理之现象,如狂呓错觉等,则以为鬼物之作用。于潜意识之作用,如扶乩降写等,则以为神灵所凭依。使略窥心理学之门径,则知此等现象,亦由饮食言语之平庸无奇,安所容其神秘之想耶。

以上诸例,随意拈出,以见通常流行之习尚,其背于科学之基本概念,有如是之甚者。吾人一方提倡科学之重要,一方于反对科学之观念不加剪除,是犹缘木而求鱼也。抑欲矫正反乎科学之习尚,当由何途?仍不外乎科学教育而已。科学教育之要义,约举之不出二者。一主于征实。科学之所研究者事实也,事实又有真伪之分,不辨事实之真伪,而漫言研究,不得为科学。如曩所举例,物之下坠,水之气化,血之循环,光之成影,此真事实也。今日星象关乎人之吉凶,仙术可点石成金,则想象中之事实,而非真际之事实。虽以今日科学之进步,于是等事实之秘奥——实则此中并无秘奥——犹茫然无所发明。所发明者,即知此等事实并无真事实而已。故有以鬼象降灵之事,来求科学上之答解者,吾人且勿为事实上之研究,而先研究其事实。使其事实能经科学方法之考验,而无破绽可指,然后为真事实,而有进加研究之资格。不然,此等事实终不免以荒诞无理为科学所淘汰而已。二主于合理。①科学知识所以异于他种知识者,又不仅在于征实,而尤在于合理。兹所谓理者,非哲学上理性之谓,乃事物因果关系条理之谓也,更就前例以明之,如云星象关乎人之吉凶,此不合理之言也。盖曰关系,则必有影响可寻。兹高高者星,昭然在上。何处何物,能于人之吉凶生其影响。推之风水之说亦然。山川形势,冢中枯骨,与生人之关系安在。推之风鉴之说亦然。人之骨相,除轻重强弱外,于其人之行事关系安在。凡此不生关系之事物,而牵合之若有其因果者,是谓不合理。反之于各事物间。能明其条理,举其因果关系者,是谓合理之知识。是等合理之知识,即科学知识也。故科学

---

①参观《科学》第五卷第一期拙著《说"合理的"意思》。

教育之特点,一在使人心趋于实,二在使思想合乎理。能既此二者,而后不为无理之习俗及迷信所束缚,所谓思想之解放,必于是求之。所谓科学之应用,亦必于是征之。

披耳生①常论科学教育与庶民政治之关系,因及善良科学之要点,其言特深切著明,请译之以终吾篇。

吾欲读者了然于心,科学之可贵,不徒在其传导有用之知识而已,乃在其方法之可尚。吾人每每以科学实际应用价值之大,遂忘其纯粹教育之方面。右科学者,常眙于人曰:"科学为有用知识,不若语言学及哲学,无利用之价值。"夫科学教人以实际生活最要之事实,是则然矣,然其入世之价值,初不因是而增大。吾人之所以重视科学训练,以为语言学及哲学所可及者,正以其教吾人以分类与统系,及其结果定律,举非个人幻想,所得上下其手也。普及科学教育之原由固多,其必以此为第一矣……

吾人观于当世迷妄之多,而愈信普及科学教育之不容易也。

载于《建设》,1920年第2卷第1号

---

①Karl Pearson. *The Grammar of Science*, p. 9.

中国科学社第六次年会开会词

诸位来宾及社友:今天中国科学社开第六次年会,承诸位先生光临,本社不胜荣幸。回溯科学社六次年会,三次开在外国,三次开在本国,我们科学社的历史,就可以略知大概。本社成立在民国三年,年会第一次在美国安朵宛,第二次在勃朗大学,第三次在康乃尔大学,第四次在中国西湖,第五次在南京本社社所,第六次就是现在,在清华学校。我们今天未讲话以前,先要致谢清华董事会及校长,感谢他们允许我们借用校舍和种种便利的好意。

我说中国科学社前三年的年会是在外国开的,诸君可以知道一件事体:中国科学社是在外国发起,然后移到中国的。这件事并不希奇,因为科学这个东西,原是西方的特产。

我们现在可言归正传了。诸位先生!兄弟说科学是西方的特产,这句话极有关系。第一是说东方和西方学术思想分界的根源,第二是说近世和古代不同的起点,第三是说我们现在研究科学的必要。

所以说科学是东西两方学术思想分界的根源呢?诸位晓

得我们中国几千年来求学的方法,有一个大毛病,就是重心思而贱官感。换一句话说,就是专事立想,不求实验。这专事立想,不求实验的结果,又生几个大弊病。简略说起来:

1. 因为不用耳目五官的感触为研究学问的材料,所以对于自然界的现象,完全没有方法去研究。既没方法去研究,所以对于自然界的现象,只有迷信的谬误的知识,而无正确的知识。中国古来的学者尽管把正心修为治国平天下的学问,讲得天花乱坠,对于自然界的现象,如日蚀彗星雷电之类,始终没一个正当解说,其病是偏而不全。

2. 既然没有方法去研究自然界现象,于是所研究的,除了陈偏故纸,就没有材料了。所以用心虽然很勤,费力虽然很大。结果还是剿说处同的居多。近来我们的朋友,很有表彰汉学的科学方法的;其实他们所做到的,不过训诂笺注,为古人作奴隶,至于书本外的新知识,因为没有新事实来作研究,是永远不会发见的。其病是虚而不实。

3. 用耳目五官去研究自然现象,必定要经过许多可靠的程序和方法。如观察、试验、推论、证明等,处处皆须有质量性质的记录,使他确切不移,复图可按。专用心思去研究学问,就没有这些限制,其病是疏而不精。

4. 既没有种种事实作根据,又没经过科学的训练,所以有时发见一点哲理,也是无条贯、无次序,其病是乱而不秩。

这些话还是就学问上而言。至于那些趋时应世的文字,于学问无关而于人心有害的,更不消说了。西方在中世纪的时代,学术界的黑暗,比中国有过之无不及。自文艺复兴,人心解放以后，经过培根征服天行注重实验的主张，笛卡儿的怀疑和理性的训练，又有洛克、休谟这一般哲学家讨论知识问题，把个知识的基础，放在确实可靠的事实上。一方面又有无数的科学家去实行研究，把从前梦想不到的区域，开辟成庄严灿烂的知识界的领土，如加里雷倭、牛顿之于物理学，鄱依儿、拉瓦谢之于化学，哥白尼、克勒纳之于天文学，弗兰克令、法勒第之于电学，乃耶儿之于地质学，拉马克、达尔文之于生物学，都在十六世纪以后，渐次出现。各种研究，经了这些人和后来的无数研究家，也成了独立的科学。不但如此，这些自然科学的研究，合并起来，要占西方学术界的大部分。不但如此，这些科学研究的影响，西方学术就是和科学没关系的，也须受了科学的洗礼，大家才觉他有成立的价值。总而言之，有了科学以后，西方的学术思想，才完成另辟了一条新路。这条新路，就是和东方的旧学术思想分道背驰的路了。

又何以说科学是近世和古代不同的起点呢？这个说很容易明白。科学的发达，既于学术思想上有上面所说的影响了，至于生活上，因为蒸汽机关的发明，在十七世纪又起了一个工业革命。这工业革命影响的远大，诸君是知道的。他把家族工业制度打破，变成工厂的工业制度；把农业国家的国情打破，变成工业的国家。随后轮船火车发明了，我们又可以说交通上起了一个革命。从前天涯地角漠不相关的地方人民，现在都彼此生了关系。柏格森说得好："蒸汽机关发明了一百年后，我们才觉他震动得利害。但是他所生的工业革命，已足以推翻从前人类的关系了。由此发生的新思想、新感觉，正在开花结果的时候。设如数千年后,回顾今日,只有粗显的轮廓可以看见,我们的战事和政治上的革命,都觉得无足轻重了,只有这蒸汽机关和连汇而及的许多发明,可以作一个时代分期的界限,好像我们现在用原人时代的铜器、石器来分铜器期、石器期一样。"

这是单就蒸汽机关而言。诸君晓得,现在的时代,有人说是电时代。电力的应用,几几乎有取蒸汽而代之之势。还有电信电话及无线电种种发明,都可以帮着改变现在的世界,使他去古愈远,一往不返。这关于电的发明,完全是研究纯粹科学的结果。所以我们说科学是近世与古代不同的起点。

又何以说我们现在有研究科学的必要呢?我们中国人,自来以文明古国自尊自大,只说自己有学问,简直不承认他人还有学问。最初和外国打仗,吃了他们船坚炮利的亏,才晓得他们的"奇技淫巧"是不可及的了。后来渐渐的晓得他们有所谓"声光电化"等学。无如翻译这类书的人,大半不懂此种学问,对于西方学问的全体,更是茫然,无怪乎读了此种书的人,还仅仅愿意给西方学术一个"形而下之艺"的尊号。其实这种学问的起原,和在西方学术界的位置,他们何晓得一点呢?现在可不同了。现在西方各国的情势,既已大明,讲求西方学术工艺的,也日多一日,把从前鄙弃不屑的意思,已变成推崇不迭了。但是我们想想,设如学工程的只知道工程学,不知此外还有其他科学;学化学物理学的,只知化学物理学,不知这种学问还有什么意思;那吗,我们尽管有许多工程学家、化学家、物理学家,于学术思想的发达,还是未见得有许多希望。因为外国的科学创造家,是看科学为发见真理的唯一法门,把研究科学当成学者的天职,所以他们与宗教战,与天然界的困难战,牺牲社会上的荣乐,牺牲性命,去钻研讲求,才有现在的结果。我们若是不从根本上着眼,只是枝枝节节而为之,恐怕还是脱不了从前那种"西学"的见解罢。我从前有个比譬,说我们学了外国学问的一样两样,回到中国,就如像看见好花,把他摘了带回家中一般,这花不久就要萎谢,永久无结果的希望。但是我们若能把这花的根子拿来栽在家中,那吗我们不但常常有好花看,并且还可以希望结些果子。我们讲求西方学术,要提倡科学、研究科学,就是求花移根的意思了。

本社同人因为(一)科学关系的重要,(二)中国科学的缺乏,(三)科学研究的必要,(四)外国科学会历史的感示,于六年前发起这个科学社。我们的宗旨,是要图中国科学的发达。我们的事业,约分为两方面。关于传播方面的,我们发行了一种月刊名叫《科学》,继续出版,已经有六年多了。关于研究一方面的,我们打算自己设立图书馆研究所、博物馆等等,要使我们的科学界自己也有新研究、新发明,在世界的知识总量上,有一点贡献,才算达到我们的目的。关于这方面的事业,我们仅仅在南京的本社社所内,设立了一个图书馆。因为限于财力,规模还是狠小。不过在国中求较为完备的科书杂志和书籍,恐怕只有这个图书馆。至于研究所一层,现在正筹画,还望会上的贤哲竭力赞助呢。

诸位先生,兄弟去年开会时也曾说过,现今的时势,观察一国的文明程度,不是拿广土众民、坚甲利兵和其他表面的东西作标准仪,是拿人民知识程度的高低和社会组织的完否作测量器的。要增进人民的知识和一切生活的程度,唯有注重科学教育,这是欧洲近世名哲如斯宾塞尔、赫胥黎等所主张,并且他们的战争已经打胜了。我们现在的高等教育正在破产的时候,这科学发达,如何能有望呢?对于此层,兄弟还有一个意见。诸君看看外国许多大科学家,如英国的法勒第、达尔文,都不是由学校出身。只要有研究的人才和研究的机关,科学家的出现,是不可限量的。学校有学校的办法及设备,要办到能够制造科学家的时势,可不容易。但是我们现摆着一个终南捷径,为什么不走呢?兄弟所说的终南捷径就是研究所。我们只要筹一点经费,组织一个研究所,请几位有科学训练及能力的人才作研究员,几年之后,于科学上有了发明,我们学界的研究精神就会渐渐的鼓舞振作起来,就是我们学界在世界上的位置也会渐渐增高,岂不比专靠学校要简捷有效些么?这个意见,真是仅仅一个意见,至于详细办法,我们此刻可说不到。

今天我们还要听来宾的高论,兄弟也不多说了。今年年会的会程,较往年略短,但是中间宣读论文及讨论的时间都很多。兄弟以最诚恳的心,希望大家利用这个时间,发表自己的新得,讨论本社事业,成一个具体可进行的方案,并且不要忘记游览运动,增进诸君的健康和快乐。

载于《科学》,1921年第6卷第10期

科学研究

——如何才能使他实现

在本杂志里,孟和先生曾一再的讨论科学研究。他的第一篇文章是说科学研究的重要及其与一个国家生存的关系。第二篇文章是说怎样的才可称为科学家,并如何才能使科学研究实现。这个问题甚为重要,不幸我们的教育界、言论界,很少人加以注意。这种不注意的结果,就可以发生相反的言论。我们不常常听见老一辈的人说什么西洋文明破产,什么科学的结果不过得到衣食住的物质文明一类的话吗?我们不又常常听见现今的少年们打着"打倒知识阶级"的旗号,大骂"帝国主义的物理化学"吗?在我们看来,这两种人的意见,都犯了两重的错误:第一是不明白科学的本身,第二是讨论的自相矛盾。

怎么说不明白科学的本身呢?说科学是物质文明的,好像科学就是饱食美衣、骄奢淫佚的代名词,同中世纪的欧洲人以研究科学就是与恶魔结了同盟一样的见解。其实科学虽以物质为对象,但是纯粹的科学研究,乃在发明自然物象的条理和关系。这种研究,虽然有应用起来以改善衣食住的可能,但在研究的时候,是绝不以这个目的放在眼前的。我们不记得法勒第把他的磁电发明在英皇面前试验的时候,当时的财政大臣就问他有甚么用处?这个答案,不但当时的听众不晓得,就是法勒第自己也不晓得。但是他仍旧要研究。由是可知,他研究的目的并不在物质的享受,而在精神上的满足。换一句话说,科学研究,只是要扩充知识的范围,而得到精神上的愉快。这种精神,可以说是物质的吗?至于利用科学的发明,而得到衣食住的改善和物质的享受,乃是科学的副产物,而非科学的本身了。科学既然不过是人类知识范围的扩充,天然奥窍的发展,当然与任何主义都不发生关系。我的意思,是说大凡真正的学术,都有离开社会关系,而保持真正独立的性质。要发生关系,与任何主义都可以发生关系;要不发生关系,与任何主义都可以不发生关系。所以我说以科学为衣食住的文明和骂科学为帝国主义的,都是不明白科学本身的说话。

怎么说讨论的自相矛盾呢?我们晓得人类既要生活,就不能不有衣食住,既有衣食住,则恶的衣食住,自然不如好的衣食住,这是谁也不能辩驳的道理。我想以改善衣食住为科学罪状的,不外乎两个理由:一是衣食住可以不必改善,二是衣食住改善之后,于人类有不好的结果。关于第一层,我想主张的人,必定在衣食住方面,能够去好就坏,舍善取恶了,但事实上我还不曾找出一个例子来证明这个话的不错。关于第二层,我以为一个人的平生,仅仅在衣食住上面用工夫,固然不可,但把衣食住改善了,解放了人们的精力与心思,使他向学问、美术一方面去发展,却是极其可贵的事体。我不相信衣食不完、救死不暇的人们,能有在学问上艺术上贡献的可能。我们看看西方文明的国中学问的发达,出版物、美术品的繁盛,可以知道是衣食住改善后的结果。所以衣食住的改善,并不是恶,但不晓得利用衣食住改善的结果,乃是人们的愚蠢罢了。至于高唱打倒帝国主义的同时又高唱打倒知识,废除学问,这无异自己缚了手足去打老虎,其矛盾的程度,更显而易见了。

以上所说,不过是说到科学研究联想起来的几句话,与本文的大意,没有甚么重要关系。本文所要讨论的,乃是如何能使科学研究实现的一个问题。关于这一层,孟和先生在他的第二篇文章里面曾经提出"急速的将这些位萌芽的科学家聚在一处,使他们慢慢的造成真正科学家"的一个办法。但是如何才能把这些萌芽的科学家聚在一处,孟和先生却不曾说到。我这一篇继续讨论的小文,正是要想对于这方面贡献一点意见。

我们晓得科学研究的进行,至少须有两个要素:一是研究的人,一是研究的地方。现在先从人的一方面说起。

孟和先生说:"科学的研究,是一种终身事业,就是最小段落的研究工作,都要五年、十年的继续不懈的、精心竭虑的努力……我们现在可以希望有几个人寻到几个问题,将五年、十年或一生的精力都费在研究上呢?"这个话固然不错。但是他的答案是甚么,我以为有讨论的必要。据我个人的观察,以为这种研究人才的缺乏,第一原因在没有研究的领袖。我们晓得在西方学术发达的国家,一个人在大学毕业得到博士、硕士的学位,决不能算为学问的,而必待他往后十年、二十年刻苦的工作,才把他升迁学者阶级里去。拿最普通的现象来说,这种人大概起初只在大学里做一个助教,后来他的学问渐渐长进了,才把他由助教、副教授,而升到正教授。可是在我们国里,大学毕业过后,去从事他项职业的不消说了;就是在大学里做助教的,他等到须发充根白,还是一个助教,绝对没有长进的希望——除非他有机会到外国去留学。这个原因,就是学校里面没有研究的事业,所以他的学问也没有长进的机会。又不特本国大学毕业的有这样的情形,再拿外国大学毕业归国的留学生而论,他们在外国,尽管曾经做过很好的研究工作,但一回到国里,是把他的研究事业丢在九霄云外,而去干那与他本行漠不相关的种种勾当去了。近来外国的科学家,每每因为大学生毕业之后,丢开研究事业,叹惜学问上的死亡率太高。若拿中国上下的情形说来,恐怕学问上的死亡率,竟有百分之九十九以上。这种人才的大损失,不是最可惊叹的事体吗?但是要追求其原因所在,我以为第一在缺乏领袖的研究人才。因为缺乏领袖的人才,所以研究的问题没有人能够寻出,研究的风气也就无从养成,所以虽有热心研究的人,也只好消磨在不知不觉,或如孟和先生所说"无价值的声誉"之中了。第二,中国国内研究机关的稀少与研究设备(如图书馆及各种特别仪器)的缺乏,也是研究事业不能进行的一个原因。但是这一层关系于研究的地方,我们还得详细说说。

一个国里研究科学的地方,大概不出下列三种机关:一是学校,二是学会,三是工厂内附设的研究所,至于私人单独的研究,当然不在这几种之中了。我们国里的学会,虽然名目繁多,据我所晓得,真正设有研究所的,仅仅有一个中国科学社。此外地质学会有地质调查所做他的研究机关,北京的博物学会有协和医学校做他的研究机关,再就要数那正在募集、尚未建筑的工程学会的材料试验所了。学会的研究机关既然如此,那末,工厂的研究机关又怎样呢?据我所知,工厂中以研究为目的而设立的机关,只有久大精盐公司和永利制碱公司附设的黄海化学工业研究所。这个研究的设备和成绩都很不错,但就他的性质和力量看来,他的研究事业的范围,就可想而知了。此外有几个大公司,如开滦、启新之类,虽也设有试验所,但是说到研究,恐怕公司的人还(没)有这个眼光。再次要说到我们的学校了。大学的职责,不专在于教授学科,而尤在于研究学术,把人类知识的最前线,再向前推进几步,这个话已经成了世界学者的公论。国内的大学,近来已如雨后春笋,遍地皆是。除了那些徒有其名的姑且不论外,其余比较的有历史有成绩的少数学校,也渐渐感受了世界的潮流,大家觉得研究工作的必要。因此虽在学校经费的极端困难中间,也未尝没有对于研究的预备。最近作者和一个朋友到某校去参观,这位朋友本是哈佛大学出身的。参观之后,他说某校的化学设备,比哈佛大学的化学旧校并不多让。但我们晓得世界上最精密的原子量测定,是哈佛大学的化学教授理查慈和巴士台两位先生在这个和某校相去不远的化学教室中做出的。这自然是单就某校某一部分而言,但据普通一般的调查说来,要在国内实行科学研究,还是以利用学校的设备为易于着手。

以上系对于科学研究的人与地的两问题,作一种很粗略的讨论。设使我上面所说的,还不十分远于事实,那末,我们对于"如何才能使科学研究实现"的问题,也可以得到单简的答案了。这个答案就是:寻出领袖的研究人才,放在比较的有研究设备的学校里,让他去干他的研究工作。但是这中间还有一个先决的问题,就是将来大学教育的宗旨,是要注重在研究一方面的,至少也要研究与教课并重。

单有教课而无研究的学校,不能称为大学,这已经成了大学的定义,我们上面已经说过了。可是在我们的大学里面,适得其反,差不多只有教课而没有研究。这或者因为程度问题是没法的。但是我们也可以想像一个大学的组织,他的重要职责,只在聚集少数的学者专门从事于独立的研究,而从学者的有无多少都不关紧要。这样的大学,在外国其例甚多,即在中国,要照这样办起来容许找不出许多学生,但做研究员的人,总还可以找得出几个。换一句话说,我们要有从事研究的学生,必先有热心研究的先生。我〔若〕是要造成研究的空气,也须从造就研究的先生做起。

说到这里,又回到领袖人才的问题了。有人问,你们要造就研究的先生,但先生的先生,又从那里来呢? 我的回答是:"老实不客气,到外国去请。"我们的学问不能及人,只好去请比我们有经验有研究的外国科学家来做我们的向导,这有什么可以惭愧的? 不过此处我们要注意的,是请来的人,必定是本门的authority,而且能够在我国指导研究,至少在三年以上,方不至于成了"抬菩萨"的玩意。

又有人问,这样的办法,岂不成了一个研究所,怎么叫办学校呢？我的回答是：你要叫这样的组织为研究所也未尝不可，但研究所中加入学生，原来也是正当的办法。在这个办法的骨子里，还有一些好处，就是教员和学生的中间，都有一个研究精神的贯注。教员有了研究的素积，方才觉得他所教的，都是直接的知识，他的判断，都有正确的根据，他对于学生所给与的兴感，也不是专靠贩卖知识的教员所能有的。学生有了研究的趣味，方才觉得有一种高尚的激刺，知识的愉快，养成他们对于人类终竟有所贡献的态度，而使他们得有正当的发育。这种的结果，岂不是无论何种教育家所希望的吗？但只有从事研究的教员和学生可以得到，那末，就把大学的大部分变成了研究所的组织，又何不可之有呢？

关于科学研究的问题很多，现在先提出这一个办法来请大家讨论。中国目下的大学，不是都有改组的动机吗？设立科学研究所的呼声，不是久已在国内响应吗？我希望这几个教育上学术上的问题，一举而加解决，那就再好没有了。

十六、五、二十四，北京

载于《现代评论》，1927年第5卷第129期

中国科学社二十年之回顾

中国科学社之成立,迄今已二十年。此二十年中,经过空前之世界大战,经过中国之国民革命,经过无数无数社会思想之变迁,然而本社事业不唯未受此等影响,且继长增高以有今日之规模局面。吾人回顾之余,固不仅为本社庆,且为中国科学前途庆也。

溯二十年前本社成立之始,不过少数学子,目击西方文化之昌明与吾国科学思想之落后,以为欲从根本上救治,非介绍整个的科学思想不为功。于是秉毛锥,事不律,欲乞灵于文字的鼓吹,以成所谓思想革新之大业。此《科学》月刊之作,所以为吾社所最先有事也。此报今已出至第十九卷第十期,于宣传科学进步与提倡科学研究不无微劳足录,当亦吾国学界所共认者。

其次则以为欲图科学进步,与其载之空言,不如见诸行事之深切著明,于是民国十一年秋乃有生物研究所之设立。此所成立,实为国内私人团体设立研究所之嚆矢。然当时吾社竭蹶经营之情形,言之有令人失笑者。此研究所成立之始,研究员皆无薪给，常年经费不过数百元。今则合社外之补助与社内之经费计之，每月支出当在五千元以上，至该所之出品与成绩，在世界生物学界中已有定评，无须吾人更为申说。今所欲言者，吾社提倡科学，而以研究所树之规模，或与其他之空言无实者异其趣耳。

更次则欲发展科学与便利研究，图书馆之设，实为必不可少，而亦学社所首当注意者也。吾社于民国八年开始组织图书馆，其时仅就南京社所辟室数椽，为社员公共庋藏书籍之所。今则上海建有明复图书馆，藏科学书籍以万计，藏中外科学杂志种类以百计，俨然为东南文化添一宝藏。近更添设科学图书仪器公司，努力于出版及供给仪器工作，将来对于发展科学之贡献正未有艾。如近年出有《科学画报》半月刊，为出版界满足一久经感到之需求，其一例也。

然则本社以一私人学术团体，而能继续发展至二十年之久，且能蒸蒸日上，若有无限前途者，其原动力安在？约而举之，厥有数端。

一、社会之同情。本社发起之时，作始甚简，设非社会上先觉前辈优予同情，其不易于发荣滋长明矣。举其要者，如蔡子民、吴稚晖诸先生自民国四年旅居法国时，闻本社之发起，即来函加以鼓励。稍后则梁任公、马相伯、汪精卫、孙哲生诸先生亦于精神物质各方面各有重大尽力。而历年以来，各方友人以金钱或书籍赞助本社者，尤为指不胜屈。吾人敢断言，设无社会上许多深厚之同情与鼓励，绝无今日之本社，此吾人所当铭记不忘者也。

二、社员之努力。本社成立伊始，即以各个社员之努力奋斗为唯一自存之道。记在美国时，亡友杨杏佛君为《科学》总编辑，常以打油诗向赵元任君索文，赵君复以一诗云："自从肯波（Cambridge）去，这城如探汤，文章已寄上，夫子不敢当（杨原诗有'寄语赵夫子，《科学》要文章'之句）。才完又要做，忙似阎罗王（原注云：Work like hell），幸有辟克历，届时还可大大的乐一场。"犹可想见当时情趣。又胡明复君以天才绝学，以科学事业故，宁固守沪上，效死而勿去。稍后则研究所成立，努力于研究事业者更多。如秉农山、钱雨农诸君，无冬，无夏，无星期，无昼夜。如往研究所，必见此数君者埋头苦干于其中。迄今社内外工作人员所为孜孜矻矻穷年不已者，盖犹是此精神之表见耳。

除上二者之外，吾人以为尚有一较为重要之原动力，有以驱策社外之赞助人士及社内之工作人员共同努力于发展科学之途者，则以科学真理浩如烟海，凡具有文化之人类，即有向此烟海探求奥藏之义务，而且生存竞争，演而愈烈，凡生存繁荣之民族，必与其发见此奥藏之成绩为正比例。此真理朗列吾人目前，无论对于科学为崇拜，为怀疑，均不能加以否认。又况空前国难，相逼而来，吾人必须以研究科学者为解决民族问题之一重要途径。然则吾人二十年以来之努力，其未可遽以为满足，而必须再接再厉，以求更重大之贡献，岂待言哉！岂待言哉！吾人甚愿就本社举行二十周年纪念之机会，以此意为本社祝，更为社内外工作之同志勉也！

载于《科学》，1935年第19卷第10期

科学教育与抗战建国

大家知道,抗战建国是我们中华民族当前的一个最伟大最艰苦的事业,现在我们却要把它拿来和科学教育连带讨论,这有下面所列的两个理由。

第一,抗战建国需要两个因素,就是人力和物力,但人力、物力非经过科学的陶铸,不能发生最大的效用。譬如说罢,我们中国自来号称地大物博、人民众多。但埋在地下的铁矿,做不了摧毁敌人的大炮,更做不了建设必需的轮船铁轨。说到人力,我们知道,现代的世界已经不是斗力的世界而是斗智的世界了。那就是说,我们的战争虽然是斗力,但是这个力字应包括智力,即知识的力量在内。在战时的武力竞争是这样,在平时的建国奋斗也是这样。

第二,西方圣人亚里士多德〔培根〕有一句名言,说"知识就是权力"。我们在抗战建国的过程中,如其尚感觉到权力的不够,那一定要归结到我们知识不够的一个结论上去。讲到知识,我们要知道只有科学的知识才是真知识。那就是说,科学的知识是经过严格方法的整理和众多经验的证明的。所以这种知识可以作格物穷理的本源,也可以作利用厚生的根据。一个民族如其对于这种知识没有相当的培养,我们可以断定这个民族对于现代社会的生存条件必定还不曾具备。反过来说,我们如要抗战必胜、建国必成,必定要用科学教育来养成我们特别需要的人才,方能有济。至于科学教育何以为养成抗战建国人才所必需,留待下面再说。

我们记得在抗战建国纲领内,教育部门曾经特别制定了两大目标:一是注重国民道德的修养,一是提高科学的研究。提高科学的研究,固然是推进一切科学事业的本源,包括有培养专门人才及奖励特殊发明等设施在内;但要以教育的力量诱导民智,培养民力,而后将民力、民智集中于抗战建国事业之中,去促其成功。这种任务除非由科学教育入手是不易完成的。关于国民道德的修养方面,暂且不述,本文所要叙述的,是科学教育方面,亦即是科学在推进教育事业中的任务。

下面我要分三步来叙述,第一是科学教育之意义,第二是科学教育之内容,第三是如何推进科学教育以利抗战建国。

一、科学教育之意义

所谓科学教育,其目的是用教育方法直接培养富有科学精神与知识的国民,间接即促进中国的科学化。科学是二十世纪文明之母,是现代文明国家之基础,已为大家所共知。所以要中国现代化,首先就要科学化,抗战需要科学,建国亦需要科学。国内科学化运动,不是已有很高的呼声么?除呼声之外,要促其实现,教育方面就是最重要的一条途径！亦是最切实的一条途径！为什么呢？

第一因为科学教育可以养成科学的精神,教导科学的方法,与充实科学的知识。教育的范围,并不限于学校,可是只就学校方面言之,科学教育应当是学校功课的重要部份。学生学了物理、化学、生物等科目,就可以得到自然界明白准确的知识。读过物理学,他们会知这自然界可怕的闪电,人们亦可以利用来装置电灯、电铃、电风扇、电话等,所以闪电并不是鬼神的作祟。凡理化生物等科目所授予者,都是这一类知识,将自然界许多似乎是神秘的东西都解释出来了。这是关于科学的知识方面。当学生学科学的时候,又知道了在实验室中怎样证实课本内所说的真理与事实,较之不经过科学方法而只信别人传说者更准确可靠,无形中学生又学会了科学的方法。学生们既熟习了科学方法,于是凡事不轻信,不苟且,求准确,求证实,这就熏染了科学的精神。我们知道非但自然科学知识极为可贵,其方法和精神亦同样地可贵。学生经过十数年小、中、大学里科学课程的熏陶以后,将来无论跑到社会上那一个角落里去,都会利用其已获得的科学知识、科学精神与科学方法,而促进科学化运动。这是指一般科学课程而言之。

第二因为科学教育可以培栽新进技术人才。高等专门科学教育,除理科而外,如农、工、医、矿、水利、水产,其目的就是在养成技术人才。无论前方战场与后方建设事业,都需要大量的干部技术人才。现有国内少数技术人才,决不够分配,必有待于补充。而技术人才之训练,非用严格的教育方式不可。由工厂学徒出身的熟练工人,决不能任工程师;在医院里稍学些某药可治某病的下级助手,决不能任医师。所以在抗战以前创办的医、工各校,在战后非但要努力继续,并且更须扩充。其理由就是抗战建国事业愈紧张,技术人才之需要亦随之愈亟。这些干部技术人员的训练,就是现在高等科学教育的任务。高等科学教育愈发达,新进技术人员在量的方面愈众多,在质的方面也愈优秀,结果抗战建国的力量也就愈充实愈强盛。

第三因为科学教育可以提高科学文化的水准。过去许多文化界的人士,都在各方面努力,如出版界、新闻界、文艺界等,在推进中国文化事业上曾有相当的成就。但是大家对于促进科学文化方面所表示的力量却是薄弱些,这是无可讳言的。许多学科学的人,有的起来组织科学团体,如中国科学社、中华自然科学社、中国科学化运动协会等,来发动科学化运动,可是这种科学团体出版刊物往往是出版界销路最少的刊物(有少数例外,如中国科学社出版之《科学画报》曾销至近二万份),其书籍亦是各书坊所最怕承印者。而各科学家在有讲演的时候,亦往往对于听众不易引起兴趣。这种种缺点,只有在科学教育方法去充实,去认真办理,把学生的科学程度提高,方才可以补救一部份。学生的科学程度提高之后,科学文化运动就添了大批的生力军。以后科学在文化运动中,可以和哲学、文艺、新闻出版等各界分工合作,促进中国之现代化。

从上面看起来,科学教育最利于普及科学精神、方法与知识,最利于产生新进高等技术人员,最利于提高科学文化水准。这是科学化运动的捷径,也是科学化运动的大道。教育家应赶紧负起责任,从速充实科学教育,促进科学教育之发展,以求中国之科学化!

二、科学教育之内容

我们既已知道了科学教育之意义是这么重大,那么科学教育里面究竟应该包括些什么呢?鄙人以为科学教育里面应该包括的有下面三种。

第一种是普通理科教程,如数学、物理、化学、生物之类,这些是基本科学知识。每个学生,无论学政治、经济、文学、美术、史地、哲学,都应该学习的。尤其是中小学的理科教程,必须认真教授。我记得我们以前在中小学里读书时,学校里最注重者是国文、英文、数学三项。对于博物、理化等科和音乐、体操,一般不受人注意。前十五年或二十年,各大学里,文科学生往往超过理科学生几倍。一大半原因,还是中小学的根底不好,所以进大学之后,对于理科即缺乏兴趣。当初中小学理科科目不被注重之原因,一则是教材不充实,二则是师资感缺乏。近一二十年来经过科学界人士之努力,教材课本已由用外国课本,抄袭外国课本,而至自己编著课本了。如教动植物学,以前用的课本往往讲外国的动植物,教师讲的时候不能拿本国标本来作教材,以致引不起学生的兴趣,现在此种弊端已可以避免了。此外,科学名辞已多数有适当译名,亦可以不用外国原本了。所以今后理科教材应当较以前便利。此外,自大学理科充实以后,中小学的教师亦增多;最近教育部为增加中学师资起见,更扩充了师范学院,产生各科师资,理科师资当然亦随之增加。故中小学的理科师资将不感缺乏,一般的理科教程当更为充实。以后只希望各学校认真办理,不要如以前那样使英、国、数三项畸形发展才好。

第二种是技术科目。这里面包括农、工、医、水产、水利、蚕桑、交通、无线电等专门学校,以及医院所附设之护士学校等而言。无可讳言,我们的专科学校太少,培植出来的人才不够用。例如以医学校而论,全国国立的还不上十个,每年毕业的学生还不足五百人。幸自抗战以来,敌人虽蓄意破坏我文化机关,但已成立的各专科学校仍继续在安全地方办理,甚至尽可能地加以扩充,新进人才不至于缺乏。当然最感困难者为师资不够,设备艰难。虽在这种困难情形之下,各校主持人仍本其奋斗精神,为国家培植人才。如医学校在后方各大都市已每处有一所。其他如工、矿、农、水产等,和医学一般,皆为科学教育之主要部分,非但不可片刻中断,并得要随时尽可能加以扩充。最近积极从事建设事业的苏联宣布第三次五年计划,其中建议训练技师及各种专家一百四十万人,受有高等教育之专家六十万人。这个数字给我们看来太骇人了,但我们希望五年中能有这数字之十分之一的专家,已足增强不少的抗战建国的力量了。

第三种是社会教育中之科学宣传。在西洋各先进国家,其国民教育较我国普及得多,尚有博物馆、科学馆之设立,将科学常识灌输给一般市民;我国文盲既多,教育普及的程度远在他人之后,社会上一般人迷信过甚。如在许多穷乡僻壤的地方将疾病认为是鬼神作祟,甚至社会上许多地位崇高的领袖人物还在相信看相、算命、扶乩等事。这种缺乏科学常识的国民,在现今的世界里是无法生存的。故对于似乎很浅显的一般科学常识教育,其需要应更甚于上述二项。

以上略述了我国所需要的科学教育的内容。

三、如何推进科学教育以利抗战建国

我们既已明白了科学教育之内容,有理科教程,有技术专科,并有社会教育中之科学宣传材料;然则究竟应当如何推进,使之配合于抗战建国事业,以达到克敌兴邦的目的呢?我觉得根本上应该:第一,训练好的师资;第二,供给好的教材;第三,提倡科学研究工作。

我们先谈师资问题。我记得刚在抗战发动之前,教育部曾办过医学校里生理学及解剖学师资训练班。抗战开始以后,这些教师都到各医学校去服务,并有供不应求之势。各种科学教育所需要的师资很多,向来由大学理科各系毕业生去充任;现在则有师范学院之创办,在这学院内预备供给各中学校理科教员,这是比较有计划的办法。不过我们对于训练的标准,希望要认真,要提高,非但着重教材内容,还要注意教授方法。将来他们任教师时,即可提高中学校学生的科学训练。同时现任的中学理科教师,希望其时时刻刻不忘自我教育,非但要每天教人,还要自己教自己,自己求长进,本着"苟日新,日日新,又日新"之意;重视自己的教业,寻求"诲人不倦"的乐趣。尤其对于教授法时时加以揣摩,使干燥无味的科学知识,讲授得活泼生动,使每个学生都会感到兴趣才好。

其次谈到教材方面。上面我们已经说过,现在理科教材,经多年来科学家的努力,已较以前充实,如地质、生物、理化各方面,已有许多本国材料。这些材料,应当可以编就好的课本,制备本国标本。又仪器方面,现在国内亦有自己制造的机关,希望竭力并从速加以扩充和利用。每个学校都应当充实理科教材,因为科学教育是不能一刻离开标本仪器与实验室的。同时我们要准备供给这种需要,编好的教本,制好的标本、好的仪器,办好的实验室。没有这几样东西,根本就谈不上科学教育。至于高等专门技术所用的教材,现在只得由教授们努力设法,因为多数仍须仰给于外国课本、外国仪器。只希望当局对于采办方面给予相当之便利。不过在抗战建国期中,一切事业之进行,必有无数困难。这些困难希望各教师要因时因地努力克服之。例如活的教材,即适合于时代,适合于抗战建国事业之教材,这种随地随时取材,亦就是上面所说要教师之自我教育适应。如在医学校内附设战地救护,即是适应时代需要之一。至于社会上一些博物馆或科学馆所需要的标本、图表等,就国内已有者已足够用,事实上只需要推广而已,其责任在各地方本地当局者负之。

除开师资及教材之外,还有一个重要问题,对于推进科学教育有绝大关系者,就是科学研究工作。上面说过,现在理科教材,已有许多本国材料,如动植物等是。这种收获,都是多年来各科学专家埋首研究之结果。即如上段所提的随时随地取材一项,一方面固赖科学教师自己的努力,一方面仍有赖于科学专家的研究。如在四川教动植物,因地取材,其教材必比北平、广州或上海所教的有些不同。此时就需要动植物学家在四川先作一番研究工作。如在战时教化学,不得不添些毒气、烟幕弹等材料,最好取敌人处得来的现成材料而研究之,再编写教材,这是最基本的工作。我国科学研究工作之进行已有十余年,现在因为抗战建国关系,应当更紧张更努力。供给适合时代之科学教材,亦当为其研究目标之一。

有好的师资,有好的教材,有科学研究工作,则抗日建国所需要之科学教育,必定可以很顺利地向前推进了。

四、结　　论

我们说抗战建国事业为什么需要科学教育呢?因为科学教育可以普及科学精神、方法与知识,可以培植新进技术人材,可以提高科学文化的水标〔准〕。科学教育的内容是什么呢?是中小学的理科教程,是各种技术专科训练,是社会上普及科学知识的宣传工作。怎样去推进科学教育呢?是要靠良好的师资、良好的教材与继续不断的研究工作。

让我打一个比喻。我们中华民族好像是一只大船,在汪洋中驶行。现在抗战建国时代好像是这支船遇到了暴风雨。我们在抗战建国时期中进行,亦就像是这只大船在暴风雨的汪洋中挣扎一般:成功就是这只船达到了目的地,失败就是船的颠覆与消灭!现在我们领袖就好比是船主,抗战建国纲领就是它的指南针。我们的领袖领导这只船依着抗战建国的指南针在狂风暴雨中驶行,全船的人都应该和衷共济、各尽其能。这里科学技术人才好比是机器间的机务人员;而科学教育就是在时时培植这些最好的机务人员,以适应暴风雨时代的需要,其任务之重大就可想见。机务人员虽不能说比其他船员更重要,但亦是重要人员之一部分。机务人员既有其重要性,我们就应当充分培养这些人才,不要使船到紧要关头束手无策,这就是科学教育在抗战建国期中的任务!

载于《教育通讯》,1939年第2卷第22期

科学与工业
——为纪念范旭东先生作

要在眼前的时代办一个现代工业,他便与科学发生了不可分离的关系,但这关系有种种不同。有的是利用科学来做生产的工具,只要生产不成问题,科学知识是不在他计算之中的。有的是以科学来做工业的出发点,他要利用科学来改进生产的方法,增进物品的功用。在这类人心目中,科学终不免成为工业的附庸。还有一类人是要利用工业的力量来谋科学的发展,他是身在工业,心存学术,金钱的得失是不在他计算之中的。我们只要晓得科学为一切近代工业之母,便知道第一类人徒知贩用他人的发明,坐食其利,自可卑之无甚高论。第二类人虽也使科学与工业相得益彰,然其眼光犹不出功利范围以内,现代的进步工业家多优为之。至于第三类人,要以增进科学知识为造福人类的重要途径,不但急功近利不在眼中,即个人的生活康健亦置之度外。这种人,在科学界中时一遇之,在工业界中则真如凤毛麟角,而范旭东先生实为此类人之一。故其逝世,不但是工业界的大损失,也是科学界的大损失。

范旭东先生在化学工业上的成就,十足的代表他利用科学来发展近代工业的信心与毅力。我们知道他的化学工业,以久大精盐公司为发轫。据说,他在民国初年由日本西京帝大毕业归国,路过塘沽一带,眼见当地产盐的丰富,与盐中泥沙杂质占去成分之高,便慨然有利用化学方法来改良食盐并创立其他化学工业之意,久大精盐不过小试其技罢了。果然在久大精盐成功不久之后,继之以永利塘沽制碱厂的设立,不久更继之以南京附近硫酸铔厂的设立。在设立后两厂的过程中,自然遇见了无数技术上和管理上的困难,但皆以科学方法为之克服。如制碱法且有特殊的贡献,为此类工业解决了一些问题。这些,可以表示他所追求的目的,是在应用科学的技术来为中华民国开辟一点天然的利源,为学科学的人们吐一口学人无用的恶气,而决不是为个人谋金钱的收获。因为金钱的收获,靠了他的轻而易举精盐已经得了,何必去干那困难重重的碱与铔呢?他这种精神,一直到抗战军兴后,流亡入川,还是继续不衰。我们晓得他在四川的五通桥建设新塘沽,同时还费了一笔巨款,在五通桥附近的地方开掘深井,要探究该处地下的宝藏。从这些可以看出,科学在范先生手中,已经成了锐利无前的工具。设如他不即逝,还有多少化学工业建筑出来,谁能加以限量呢?即就现在为止,要在我国工业界中,找出一个完全依赖科学来创造新的工业的人,恐怕还无出范先生之右者。

其次,范先生要藉工业的力量来谋科学的发达,尤其是他的高瞻远瞩不可及的地方。本来在近代的工业中,设一个试验室之类来做制造的管制与顾问是极其普通的事。不过范先生的见解与作风，比这些普通办法要更进一步。他在精盐方告成功，制碱尚未开始之时，已成立了一个独立的黄海化学工业研究社。这个研究社，是范先生以他的久大和永利两公司创办人的酬劳金为经费而成立的，它是此类私立研究机关的嚆矢。当成立之始及其后，维持这个机关的困难，我们可以想象而知，但决不听见范先生以为它是一个不急之务而表示冷淡。事实上，我们晓得范先生对于研究社的期望，恐怕要驾乎他对于工业之上。他在黄海化学工业研究社二十周年纪念词中，曾有这样话，值得我们加以引述：

中国广土众民，本不应患贫患弱；所以贫弱，完全由于不学。这几微的病根最容易被人忽略，它却支配了中国的命运。可惜存亡分歧的关头，能够看得透澈的人，至今还是少数。中国如其没有一班人肯沉下心来，不趁热，不惮烦，不为当世功名富贵所惑，至心皈命为中国创造新的学术技艺，中国决产不出新的生命来。

这一段话，句句警辟，字字沉痛，我们愿写千万遍，为一切自命为知识界、学术界人们的座右铭。由此也可以看出范先生的最后目的，是要替中国创造新的学术技艺，而他的创办工业，也不过是达到目的的一种手段而已。

现在范先生虽已与我们长辞，但他创造的工业与研究所，幸得无恙,而且在复员以后,它们还要发荣滋长,是无可致疑的。不过范先生的精神——"工业以科学为出发点,学术为工业的终竟目的"的精神,值得我们永远保存与效法,庶几范先生所希望的新的学术技艺,在中国有实现的一日。

范先生的崇高的人格与度越寻常的言行,值得我们纪录的还很多,以不在此文范围之内,姑置之以待异日。

载于《科学》,1946年第28卷第5期

关于发展科学计划的我见

科学对于抗战建国的重要，吾人既已耳熟有年矣。此次世界大战，以一原子弹之威力，使战事提早结束，则科学对于抗战之重要，既以事实为之证明。建国需要科学，更为日日呈现眼前的事实，无须吾人再为辞费。吾人目前的问题，乃如何能使科学加速发展，使能适应今日之需要是已。关于此问题，吾人拟首先提出两个根本原则：（一）吾国目前所处之局势，为空前未有之局势，故处理此局势下之一切事务，不可蹈常袭故，必须另觅有效的方法。（二）科学事业与其他事业同样可以适当方法促其进展。但若无具体发展的计划，而欲其从天掉下，则不可得。本此见地，吾人试一先观吾国科学事业以往的现状，而后进言发展科学应有的程序。

吾国真正研究科学之历史，大要不过三十年。（参观拙著《五十年来的科学》，载在《五十年来的中国》书中，胜利出版社出版。）其从事的机关，不出（一）学校、（二）研究机关两类。所谓学校，当然系指大学等高等教育机关而言。在大学未成立名副其实的研究所以前，科学只成为教育的附庸品。所谓研究机关系指公私立的某些特殊研究所而言。此种机关既各有其特殊任务,科学亦只限于应用一方面。近年以来,虽亦有少数研究所之组织,以研究科学为纯粹目的者,如中央研究院之某些研究所以及少数学会之研究所等,然为数不多,规模亦小,不能大有作为以担负此新时代之任务,皎然明甚。综上所言,吾国以往之科学事业,或失之浅(如在学校中者),或失之隘(如在特殊研究所中者),或失之分(如各研究所皆规模狭小不足有为),而其根本病源,则在无整个发展之计划,一任少数人之热心倡导,自生自灭,故虽有三十年之历史,而成效仍未大著。此非由于吾国科学家才智之不如人(吾国科学家之才智实有过人之处已经许多事实证明),而实由于国家对于科学未加以注意与奖励。由今之道,无变今之政策,虽再历三十年,吾知其成效与今亦相去不远。然而吾国此后三十年之需要科学,决非以往三十年可比;此吾所以提出第一个原则,主张以非常有效的方法,促成科学之发展也。

吾人试思,设如吾国今拟兴复海军,则必为之筹定一笔相当庞大的经费,然后决定以若干部份定造船舰,若干部份创始船坞机厂,若干部份训练人才,而又厘定程序,在若干时间内完成某种组织,而后此海军乃能如期实现。今欲发展科学,其事既属于学术思想,其范围又远及于上天下地与一切人类之知识活动,故其繁赜精微,远非任何一种事业所可比拟。而谓不必有先事准备与整个计划,听其自然,莫之致而自至,其谁信之。此吾所以又提出第二个原则,以为欲发展科学必须有切实计划与准备也。

原则既定,请言计划。计划之出发点,吾人以为首宜确定:发展科学为今后十年二十年国家的首要政策。

国家任何事业,非待科学发展,皆难有预期之成效。如言国防,今日之飞机、原子弹、高空探测与海军潜艇,何一非科学之产物乎?如言经济,今日之工业制造、农业产品,有一不经科学之改进者乎?以言教育与社会事业,有不经科学之陶铸而能达到最高效率者乎?吾人今日言建立国防,发展经济与教育,而遗弃科学,是谓舍本逐末,不可得之数也。今日世界各国,无不以发展科学为立国条件之一,而在凡事落后之吾国,尤当以发展科学为吾国之生命线。盖得之则生,不得则死,其重要远超乎一切之上,不可无明确之规定以一新全国之耳目也。

本此政策以言计划,吾人以为有下列数点应予注意。

第一,科学研究必须成一个有效的组织。所谓有效的组织,吾人以为宜包括以下各项。

(一)目的 研究之目的不定,最足为前进的阻碍。例如纯理的研究与应用的研究的争论,在计划中应早为决定。吾人以为某种研究宜为纯理的,而某种研究宜为应用的,一经分别指定,即可不成问题,而在讨论的范围内,此问题可永远存在。

(二)组织 在整个计划中,组织最关重要,具体计划,自然应随目的而决定。但以下各点应于组织中充分顾到:(1)全盘学术发展之关系,(2)各项事业进行之联系,(3)以往研究机关之利用与联系,(4)未来之发展。

(三)范围 每一研究机关应有一工作范围,以便配合而免重复。

(四)时间　每一工作皆应规定一完成时间,以便考成而求进步。

第二,计划之产生宜由政府特别邀集中外专门学者若干人,组织委员会,悉心厘定,期于切实可行。少数人之私见,外行建议与官样文章,皆所切忌。

第三,关于计划之实行,吾人以为下列两点应特别注意:

(一)国家宜有独立的科学事业预算。以往我国国家岁出预算,只立教育文化一项,其中有若干用于科学事业,无从查考。且其为数过小,不足以资发展,不问可知。为表示重视科学事业及保证其实行起见,国家宜于教育文化经费之外,另立一宗发展科学事业的预算。预算之大小,自然须视事业计划而定,但既定之后即不可拖欠与缩减。

(二)管理科学研究人员,必须为专门学者,用整个时间与精神以从事,不可成为政府要人之附属品,尤不可阑入官场习气,使成为一种衙门也。

第四,在开始研究时期,必感人才不足,吾人以为不妨卑礼厚币延聘外国威权学者来华引导,一面多派优秀青年至先进国家学习。此种留学政策,吾国虽已行之数十年,然人才一日不足用,即一日不能停止。尤其在高深学术方面,吾人今后数十年,唯有耻不若人,庶几有若人之一日耳。

在抗战结束、建国开始之今日,言建国大计者风起云涌,而于此关系建国根本之要图,似尚少注意及之者,故略贡鄙见如上,倘亦当世贤达所乐闻乎。

载于《科学》,1946年第28卷第6期

出版说明

任鸿隽(1886—1961),是我国著名学者、科学家、教育家和思想家。本书分三编选编了一些任鸿隽先生关于科学的论述,力求体现先生的科学思想。由于作者所处时代,其文风和语言习惯与今天有一些不同,为求慎重,此次出版所选文章本着"存旧从宽"原则,除标点外,尽可能保留原版本的原貌,体现历史的延续性,还请读者在阅读时注意。

出版者